AF357000

MANUEL PRATIQUE

DE

L'ÉDUCATEUR DE VERS A SOIE

MANUEL PRATIQUE

DE

L'ÉDUCATEUR DE VERS A SOIE

OU

L'art d'élever les Vers à Soie selon les principes les plus
vrais et les plus naturels

SYSTÈME SIMPLE ET ÉCONOMIQUE

LE SEUL

PROPRE A RÉGÉNÉRER LA SÉRICICULTURE ET A FAIRE DISPARAITRE
LES MALADIES LES PLUS DÉSASTREUSES,

Telles que la Muscardine, la Gatine, etc.

Contient, en outre, un nouveau mode

D'ÉDUCATION RÉGÉNÉRATRICE,

Au moyen duquel on peut obtenir de la Graine première qualité,

Par Alphonse TAURIGNA, Praticien-Sériciculteur.

Un vol. in-8°. — Prix : 6 fr. 50 c. et 7 fr. par la poste.

L'homme intelligent doit chercher sans
cesse à découvrir les secrets de la nature;
il trouvera ainsi les grandes lois qui ré-
gissent tous les êtres organisés

La nature est un grand maître, dont les
enseignements doivent toujours être suivis.

SE VEND A L'IMPRIMERIE BLANC, RUE BAYARD, 11, ET CHEZ TOUS
LES LIBRAIRES DE GRENOBLE ET DU DÉPARTEMENT

1857

Grenoble, imp. E. Blanc, rue Bayard, 13.

AVANT-PROPOS.

La production annuelle de la soie en Europe s'élève à 414 millions. Nous pouvons donc affirmer que les maladies occasionnent une perte de plus de cent millions.

Nous avons, en conséquence, pensé qu'une étude sérieuse sur l'éducation des vers à soie pourrait être d'une grande utilité; car, plus les causes de dégénérescence sont nombreuses, plus il faut prendre de précautions pour les faire disparaître.

Nous avons puisé tous nos renseignements dans les faits naturels, nous avons fait de nombreuses observations, nous avons cherché à découvrir les secrets de la création, autant que notre intelligence le permet, et nous avons acquis la conviction qu'il faut revenir aux temps primitifs et suivre pas à pas les leçons de la nature. Hors de là, point de salut.

Nous avons rédigé un *Manuel pratique* basé sur ces principes, cherchant surtout à le mettre à la portée de tous les propriétaires. Nous avons laissé de côté les discussions scientifiques, nous n'avons pas voulu nous jeter dans les études anatomiques, dans les dissertations de l'histoire naturelle ; il fallait, avant tout, que les éducateurs puissent nous comprendre, et connaître le plus simplement possible le résultat de nos expériences sérieuses.

Nous avons d'abord posé des principes, nous avons ensuite indiqué le système qu'il fallait suivre pour arriver presque toujours à des réussites certaines ; puis, dans un chapitre suivant, nous avons cherché à faire connaître les motifs pour lesquels nous donnions telle ou telle prescription. On peut ainsi suivre pas à pas notre système, sans que les enseignements soient entremêlés de discussions et de motifs propres à les justifier.

Nous avons des mémoires, des articles de journaux récents, dans lesquels on cherche à prouver aussi qu'il faut s'attacher aux procédés les plus simples et les plus naturels, procédés que nous pratiquons depuis plus de huit ans. A cette époque, on ne songeait qu'à établir des magnaneries-modèles, dans lesquelles on faisait presque toujours des éducations artificielles, anti-naturelles; déjà, nous pressentions les désastres qui accablent aujourd'hui la sériciculture, et nous faisions tous nos efforts pour dissiper cette erreur grossière et cette espèce de fanatisme qui s'emparait des hommes les plus intelligents.

Nous voulions écrire notre *Manuel* au moment où nous avons publié un premier article, en 1854, dans lequel nous posions les bases de notre système; mais nous avons préféré réfléchir encore, étudier davantage, et surtout pratiquer beaucoup.

Voilà les auspices sous lesquels nous nous présentons aux sériciculteurs. Nous leur livrons les résultats de nos recherches nombreuses, de notre longue expérience.

Nous serions heureux si notre travail pouvait contribuer à améliorer l'industrie séricicole et à faire

renaître cet état de prospérité que nous désirons
vivement.

L'homme peut beaucoup, mais il doit toujours
avoir l'œil fixé vers le ciel, contempler les merveilles
de la création et chercher à découvrir ces grandes
lois destinées à le conduire dans les chemins tortueux
qu'il rencontre sans cesse sous ses pas.

A. TAURIGNA.

MANUEL

DE

L'ÉDUCATEUR DE VERS A SOIE.

CHAPITRE Iᵉʳ.

CONSIDÉRATIONS GÉNÉRALES.

La sériciculture est arrivée à une de ses phases les plus critiques, soit en France, soit à l'étranger. Cette branche importante d'une industrie qui se développe chaque jour davantage dans notre riche et fertile pays, se trouverait bientôt dans un état désespéré et voisin d'une ruine totale, si des hommes dévoués et généreux ne cherchaient, par leurs observations de tous les instants, à apporter un remède à un mal aussi universel.

Tous les ans, en effet, nous voyons les vers à soie exposés à de nouvelles maladies, à de nouveaux fléaux, à la suite desquels les éducations sont tellement mauvaises que l'on ne peut plus même obtenir une demi-récolte ; encore bien souvent les heureux seuls arrivent à ce résultat.

Ces désastres s'accroîtront toujours d'une manière effrayante, et conduiront à la ruine totale de la sériciculture, si l'on ne s'attache pas à pratiquer des méthodes d'éducation plus rationnelles et surtout plus simples et plus naturelles.

Mais quel est donc le remède à un aussi grand mal ?

Jusqu'ici l'a-t-on connu, l'a-t-on indiqué ?

Les moyens signalés par les auteurs anciens et modernes sont-ils suffisants pour l'empêcher et surtout pour le prévenir ?

Les publications de chaque jour, les brochures nombreuses écrites sur cette matière par les praticiens et les savants, les comptes-rendus des comices et des journaux agricoles peuvent-ils contribuer à arrêter radicalement le progrès du mal, ou du moins à améliorer la situation déplorable dans laquelle se trouvent les éducateurs ?

Nous répondrons sans hésiter et avec la plus grande conviction : Non, mille fois non.

Il est facile, sur ce point, de porter la conviction dans l'esprit de tous les amis de la sériciculture ; il suffit pour cela de jeter un coup-d'œil rapide sur les procédés d'éducation employés jusqu'à ce jour.

L'art d'élever les vers à soie est loin d'avoir progressé. Il est bien évident que les éducations n'ont pas été dirigées selon les bons et vrais principes, puisqu'elles sont bien loin de donner des résultats en rapport avec le travail et les sommes dépensées.

Nous devons le dire sans crainte, les éducations que l'on fait aujourd'hui, avec beaucoup trop de soin peut-être, sont conduites relativement plus mal que par le passé. On a cherché à compliquer le travail, on a voulu en quelque sorte civiliser les vers à soie, on a tout fait pour les soumettre à un traitement qui s'éloigne de tous les principes tracés par la nature, et cependant ces principes vrais doivent toujours exercer une influence salutaire sur tous les êtres organisés. Au lieu de s'attacher à des procédés simples, se rapprochant des lois ordinaires et les plus usuelles, on a voulu multiplier les difficultés, on a prescrit des soins inutiles et quelquefois même nuisibles ; on a fait, enfin, de l'art d'élever les vers à soie une chose et trop compliquée, et trop artificielle.

Cette tendance à s'écarter des principes les plus

vrais, puisqu'ils sont basés sur les lois suprêmes de la nature, est la cause principale de l'état désastreux dans lequel se trouve aujourd'hui la sériciculture, et si l'on n'abandonne pas ces procédés factices, il sera probablement difficile d'arriver à un avenir meilleur et plus satisfaisant.

Les conséquences d'un pareil état de choses ne pouvaient être douteuses ; la crise fâcheuse qui vient de se produire devait arriver ; les circonstances atmosphériques ont pu contribuer à l'étendre, mais elles n'en sont pas la cause première. Déjà, depuis plusieurs années, nous nous apercevions que le mal allait toujours croissant, aussi avons-nous prévu et annoncé les malheurs qui frappent cette industrie.

Il faut donc, aujourd'hui, se mettre résolument à l'œuvre ; il faut revenir à de meilleurs principes. Pour parvenir plus facilement à ce but, nous allons tâcher de découvrir le mal, puis nous indiquerons les moyens de le guérir.

Nous avons fait de longues et sérieuses observations pratiques dans nos études constantes sur la sériciculture ; nous n'avons jamais cherché à faire de la science, de l'histoire naturelle ; nous n'avons pas voulu inventer de beaux noms, des mots ronflants pour désigner de prétendues nouvelles maladies; nous nous sommes attaché spécialement à trouver une méthode pratique, rationnelle, qui fût applicable à toutes les éducations, petites et grandes, qui fût à la portée et du riche et du pauvre ; il a fallu laisser de côté les préjugés, la routine, les principes plus ou moins vicieux, et arriver à un système au moyen duquel on puisse obtenir beaucoup en dépensant peu, point essentiel dans toute espèce d'industrie.

Pour arriver à ce but désirable, nous n'avons pas cru devoir nous occuper beaucoup de ce que l'on a fait jusqu'à ce jour ; mais nous avons agi comme il eût fallu toujours le faire en semblable matière. Au lieu de consulter des maîtres et des autorités, nous avons observé les faits naturels, nous avons examiné avec la plus grande attention les phases parcourues par les vers à soie dans les temps primitifs, et nous avons acquis la conviction que c'est là seulement où l'on peut puiser les vrais principes et trouver les bases d'une bonne méthode.

Si l'on veut réfléchir quelques instants, on verra bien vite que l'état de débilité, de faiblesse, de dégénérescence dans lequel se trouvent aujourd'hui ces merveilleuses chenilles provient de la grande faute que l'on a commise en s'écartant de plus en plus des principes naturels.

On croit généralement que ces insectes ne possèdent qu'une organisation frêle et délicate, c'est là
une grande erreur ; nous reconnaissons et nous
disons, depuis longtemps, qu'il faut au contraire
que cette organisation soit robuste et vivace pour
que l'espèce ait résisté si longtemps aux plus mauvais traitements.

Nos observations peuvent avoir quelque poids
dans l'esprit des éducateurs ; car notre expérience
dans l'art d'élever les vers à soie est fondée sur une
pratique sans exemple jusqu'à ce jour. Nos essais, à
la vérité, ne remontent pas à plus de huit années,
mais nous pouvons démontrer que peu d'hommes
ont suivi et fait une plus grande quantité d'éducations
que nous, lors même qu'ils se seraient livrés à cette
industrie agricole pendant plus de cinquante ans.

En effet, après avoir fait nos preuves, après avoir
obtenu des résultats reconnus supérieurs, résultats
dus, sans aucun doute, à la méthode que nous
avons employée, nous avons été appelé successivement dans diverses localités, afin de donner des
conseils aux éducateurs et de les diriger dans leur
travail séricicole.

Dans un périmètre de 25 à 30 kilomètres environ,
nous avons eu à visiter et à conduire, pendant plu-

sieurs années, au moins quinze éducations qui ne se trouvaient certes pas dans de bonnes conditions.

Pour donner toutes les garanties désirables aux propriétaires qui avaient recours à nous, et pour leur inspirer une plus grande confiance, nous avions basé notre rétribution sur les réussites plus ou moins complètes, de telle façon que notre salaire marchait avec le succès.

Avant notre participation, les chambrées étaient, le plus souvent, atteintes de la muscardine, et les vers périssaient, en grande partie, sous l'influence de cette cruelle maladie.

Une saison séricicole équivalait donc, pour nous, à une expérience de 12 à 15 ans, car nous avions sans cesse sous les yeux, et en même temps, des moyens faciles pour comparer et observer ainsi les accidents divers produits par telle ou telle cause, accidents qu'il aurait été impossible de constater d'une année à l'autre.

D'ailleurs, les résultats généraux que nous avons obtenus pendant ces quelques années, les attestations que nous avons recueillies à ce sujet, sont bien suffisants pour faire ressortir la bonté de nos procédés.

Nous devons donc inspirer quelque confiance aux

éducateurs, car nous pouvons nous prononcer avec cette conviction que donne l'expérience.

Avant de faire connaître notre système d'éducation, nous croyons utile d'indiquer succinctement les causes qui ont le plus contribué à la dégénérescence des vers à soie.

CHAPITRE II.

I.

Agglomération — Entassement.

La principale cause de la dégénérescence des
vers-à-soie remonte à trente années environ, époque
à laquelle les éducations, sur une vaste échelle, se
sont multipliées dans le midi de l'Europe. Les principes de vitalité de cet insecte robuste n'avaient point
encore été assez fortement attaqués, par conséquent
les accidents étaient moins graves qu'aujourd'hui,
et l'on obtenait d'assez belles réussites : mais successivement les mêmes causes se produisant et se
multipliant dans des conditions toujours moins fa-

vorables à l'espèce, les effets ont dû nécessairement devenir plus terribles.

Les plantations de mûriers ont été nombreuses, la feuille est devenue, par conséquent, plus abondante; les éducations ont augmenté en proportion; les propriétaires ont reculé devant les dépenses occasionnées par de nouvelles constructions : il est alors nécessairement résulté de cet état de choses que de très-grandes quantités de vers ont été élevés dans un local beaucoup trop petit, occupant, en conséquence, un emplacement très-restreint et tout-à-fait insuffisant. De là, agglomération, entassement et toutes les conséquences fatales provenant d'une semblable faute.

II.

Cause se reliant à la première.

Du moment où les éducations sont devenues plus nombreuses et plus considérables, il a fallu nécessairement employer une grande quantité d'œufs ou de *graines*, comme on le dit vulgairement. Pour obtenir cette semence, on a procédé de la même manière que pour les éducations, et, par conséquent, on s'est trouvé aussi dans de moins bonnes conditions sous le rapport de la qualité. Pour corriger cet inconvénient, les éducateurs ont accueilli successivement de prétendues nouvelles méthodes ou réformes qui, loin de porter remède au mal, n'ont fait que l'agraver ; car ces moyens s'écartaient tous plus ou moins des principes naturels et ne pouvaient donner que de tristes résultats. Nous en voyons, aujourd'hui, les déplorables conséquences.

III.

Éducations à haute température dans de vastes magnaneries imparfaitement aérées.

Les grandes magnaneries, celles mêmes les plus prônées par les innovateurs, et considérées comme magnaneries modèles, ont largement contribué, pour leur part, à hâter la dégénérescence.

Dans ces vastes emplacements chauffés à une haute température, à l'aide d'un calorifère, ou par le chauffage ordinaire, l'air est difficilement renouvelé, malgré les différents modes de ventilation appliqués, et, par conséquent, il est assez souvent plus ou moins délétère, plus ou moins vicié.

Cet inconvénient provient, presque toujours, ou d'une trop grande sécheresse dans l'air, ou d'une trop grande humidité occasionnée par l'agglomération des vers, soit des exhalaisons et de la fermentation de la litière, soit, enfin, d'une chaleur trop uniforme et presque toujours artificielle.

On comprend facilement que les vers doivent vivre dans de mauvaises conditions au milieu de cette atmosphère empestée ; l'altération s'est alors produite peu à peu, et l'organisation s'est affaiblie insensiblement. De là, commencement de dégénérescence ; de là, maladies plus nombreuses et plus terribles.

IV.

Cause provenant des provisions de graines étrangères ou autres fabriquées en masse dans de grands ateliers.

La plupart des éducateurs ne se trouvant plus dans des conditions favorables pour obtenir les graines dont ils ont besoin, se sont vus dans la nécessité de se pourvoir chez les grands producteurs qui, chaque année, font sur cette semence de fructueuses spéculations, souvent peu loyales. Sans raison plausible, presque tous les éducateurs ont

voulu suivre cet exemple ; la graine étrangère était
ainsi devenue, en quelque sorte, la poule aux œufs
d'or.

Les éducations ont d'abord bien réussi, les résultats obtenus ont échauffé les imaginations ; malheureusement l'illusion a bientôt cessé, et l'insuccès est
venu prendre la place de cet engouement peu rationnel. La dégénérescence a progressé alors d'une
manière effrayante : il est certes facile d'en comprendre les causes.

Du moment où la cupidité est venue se mêler à
la spéculation, il s'est commis, chaque année, de
déplorables abus dans la confection et dans la vente
de la graine. Les industriels ont cherché à produire
des œufs sur une grande échelle, d'où il est nécessairement résulté des vices, des défauts majeurs
conduisant à la dégénérescence de l'espèce.

Les fabricants de graine n'ont plus pris la peine
de choisir les meilleurs cocons, et c'est là cependant
une précaution d'une importance extrême ; pour
réaliser, au contraire, des bénéfices plus certains et
plus considérables, ils se sont servis des cocons de
rebut, des doubles ; ils ont ramassé tous ces papillons qui, dans les filatures, percent accidentellement les cocons, soit parce que l'on tarde trop de
les étouffer, soit parce qu'un événement imprévu

accélère le développement plus hâtif de la chrysalide. Cette méthode ne peut être que très-pernicieuse et doit produire, sur la confection de la graine, des effets bien fâcheux.

Cette fraude a été reconnue tout aussi bien en Italie qu'en France ; probablement même elle se commet sur une plus grande échelle, car les éducations sont plus nombreuses, plus importantes, et, par conséquent, la spéculation a dû rencontrer des éléments plus favorables.

Nous avons d'ailleurs bien rarement trouvé dans le commerce les premières qualités de graines de la Lombardie. Nous savons que cette précieuse semence se vend, sur tous les marchés, à des prix tout-à-fait inférieurs, sans aucune garantie, il est vrai ; mais qu'importe à celui qui cherche la fortune dans la spéculation !

V.

Cause provenant du mélange des graines.

Du trafic peu honorable que nous venons d'indiquer, a dû nécessairement résulter le mélange des graines. On s'inquiète généralement fort peu du mélange des espèces et de la confusion des races ; de là un pêle-mêle qui place les éducateurs dans une situation très-fausse. Les chambrées ne peuvent plus alors être conduites ensemble ; les mues sont tout-à-fait irrégulières, et certains vers sont plus avancés les uns que les autres. Voilà, sans aucun doute, la cause d'une multitude de non-réussites ; voilà une cause de dégénérescence qui se produit encore malheureusement de nos jours, sans que l'on cherche à y porter remède.

VI.

Cause provenant de la manière de détacher la graine des linges.

L'opération consistant à détacher la graine des linges est toujours pratiquée, par les grands producteurs, bien avant l'époque de la mise à éclosion, afin qu'ils puissent jeter à temps cette semence dans le commerce. Cette opération délicate est ordinairement faite par des personnes payées à cet effet, et, par conséquent, n'a pas toujours lieu de la façon la plus convenable. Le travail de ces ouvriers n'est pas facilement contrôlé, et, le plus souvent, ils s'inquiètent fort peu des suites d'une opération qui ne les intéresse que par le salaire qu'ils reçoivent. Il serait miraculeux vraiment que l'on prît toutes les précautions nécessaires dans cette circonstance pour ne pas compromettre cet important travail ; le plus souvent, des éducateurs, agissant dans leur intérêt personnel, négligent même de prendre ces précautions utiles ; à plus forte raison doit-il en être ainsi de la part des tiers que n'excite pas le mobile de l'intérêt.

D'un autre côté, pour accélérer le travail, la graine est parfois trop rapidement détachée des linges ; elle éprouve alors une avarie sérieuse, de telle sorte que l'ambryon ou germe qu'elle renferme peut être attaqué ; de là, de graves inconvénients.

Lorsque l'on ne prend pas de très-scrupuleuses précautions, la coque est endommagée, les œufs se trouvent ainsi dans un état de détérioration peu favorable à l'incubation, et ne peuvent plus supporter les diverses variations de température auxquelles on les soumet ; les éclosions doivent alors se faire très-mal et produisent, par conséquent, des vers faibles, maladifs, qui ne peuvent plus parcourir dans de bonnes conditions toutes les phases de leur existence.

VII.

Cause provenant du transport et du colportage de la graine.

Par suite du système vicieux adopté généralement dans tous les pays, le commerce de la graine est une des causes qui a le plus hâté la dégénérescence. Les inconvénients se présentent bien vite à l'esprit de ceux qui veulent se livrer attentivement à quelques observations.

La plupart des éducateurs ne se doutent pas des terribles effets produits par le transport et le colportage des œufs ; il est cependant facile de s'en rendre un compte exact. Voici d'ailleurs ce que nous avons nous-même toujours remarqué :

Le plus souvent, dans le commerce, de grandes quantités de graines sont entassées dans des boîtes ou dans des sacs, tout comme si l'on avait affaire à des semences végétales. Cette manière de procéder offre des dangers sans nombre ; aussi est-il rare qu'une quantité aussi considérable de graines arrive à destination sans être plus ou moins altérée dans sa qualité, et sans avoir couru la chance d'être entièrement détruite.

Après un certain temps, le fait seul de l'entassement peut vicier ou avarier la graine; mais les accidents sont bien plus grands encore lorsque, par le
fait du transport, cette graine subit chaque jour des
variations de température brusques et anormales,
de telle façon qu'aujourd'hui elle est à 10 degrés, et
demain ou quelques heures après à 18 ou 20 degrés,
et peut-être même davantage.

Évidemment ces variations subites ne peuvent
qu'être nuisibles à la graine, et sans aucun doute
elles portent gravement atteinte à la qualité.

On viendra nous dire : Mais ces variations de température ont rarement lieu dans les expéditions que
l'on fait habituellement; car elles sont entourées de
soins et de précautions.

Nous pouvons à ce sujet fournir des preuves contraires, et indiquer des faits dont nous avons été
témoin.

Malgré toutes les recommandations verbales ou
écrites, est-il matériellement possible que les entre-
prises de voitures ou de chemins de fer se soumettent
exactement à donner à ces colis tous les soins nécessaires? Nous ne craignons pas de dire : Non.

En effet, un expéditionnaire a conservé pendant

longtemps des œufs dans un local ni trop chaud, ni trop froid; supposons que jusqu'à l'époque de l'envoi, au mois de février, par exemple, cette température ait été maintenue à 6 ou 7 degrés. Ce paquet est alors déposé dans les bureaux de messageries ou de chemins de fer, où l'on rencontre presque toujours une chaleur très-forte, s'élevant quelquefois à 20 degrés et souvent plus. Ce colis peut encore être déposé près du poêle ou du feu, et de suite il passe d'une température de 7 à 8 degrés à celle de 20 à 25. Si cet état se prolonge un jour, deux jours, la graine est prédisposée à l'éclosion, lorsque tout-à-coup elle est de nouveau mise en route par une température de 5 à 6 degrés, et peut-être même au-dessous de zéro, lorsque le trajet se fait pendant la nuit.

Ces inconvénients se produisent ainsi plusieurs fois de la même façon dans un voyage plus ou moins long, et l'on comprend alors que ces grandes variations de température peuvent bien altérer la graine et lui causer des dommages sérieux et certains.

Il est même souvent fort difficile, pour une personne versée dans les secrets de la sériciculture, d'éviter des dangers dont elle connaît cependant, par expérience, toute la portée. Dans un voyage, malgré la meilleure volonté, on éprouve beaucoup de peine pour préserver la graine des accidents produits par une température trop variée ; on peut y parvenir , mais il faut pour cela prendre de grandes précautions. Évidemment on ne peut attendre ces résultats des personnes ordinairement chargées de ces genres de transport , car elles ne connaissent pas l'importance et la nécessité de ces précautions ; lors même qu'elles en comprendraient la portée , il leur serait souvent difficile et même impossible de les prendre , car on ne suit pas toujours l'expédition d'un colis contenant des graines ; on le dépose au bureau des messageries ou du chemin de fer , on fait les plus pressantes recommandations ; voilà seulement jusqu'où peuvent aller les exigences du destinataire , et certes l'éducateur ne rencontre pas de sérieuses garanties dans ces précautions vulgaires.

Il pourrait quelquefois arriver que le transport se fût effectué dans les meilleures conditions , et que la graine n'eût subi aucune influence pernicieuse ; nous allons voir que dans ce cas les accidents fâcheux peuvent encore être nombreux , et que les œufs sont exposés au même danger , aux mêmes avaries à l'époque de la vente et de la distribution.

En effet , les maisons de fabrication expédient une grande quantité de graine à une multitude de spéculateurs , qui tous veulent se débarrasser avec avantage , avec bénéfice de leur marchandise.

Nous voulons bien admettre, ce qui est fort rare, comme nous venons de le voir, que les œufs soient arrivés à leur domicile entièrement intacts. Que se passe-t-il alors? Ces derniers vendent d'abord à d'autres spéculateurs moins importants une partie de la précieuse marchandise qu'ils possèdent; ces nouveaux acquéreurs n'ont pas, le plus souvent, les premières notions nécessaires à ce commerce; ils soignent assez mal ces graines, les déposent chez eux dans le premier endroit venu; presque toujours ces œufs sont colportés de village en village, de maison en maison et distribués en petite quantité.

Ces colporteurs ne prennent aucune précaution; ils placent la graine dans des boîtes, des sacs; ils la portent souvent dans leur poche; dans ce cas, la marche forcée contribue à élever la température du corps, les œufs subissent alors l'influence pernicieuse de cette chaleur.

D'un autre côté, ces négociants ambulants s'arrêtent dans la plupart des cabarets, où la température est souvent fort élevée; ils boivent et mangent quelquefois pendant longtemps, puis ils se mettent en route par un temps froid, et quelques instants après ils se retrouvent encore sous l'influence d'une température assez élevée pour amener un commencement d'incubation, sans s'inquiéter, en aucune façon, des dangers que court leur précieuse marchandise.

Conçoit-on, dès lors, que les conséquences de cette manière de procéder peuvent être désastreuses pour les éducateurs?

Il n'est pas nécessaire de s'être livré à des études scientifiques pour reconnaître que ce système doit promptement conduire à la dégénérescence, car les éclosions se font alors dans de mauvaises conditions; les vers sont faibles, débiles et, par suite, sujets à une multitude de maladies.

Le passage trop subit d'une température à une autre, surtout lorsque la différence est grande, doit, sans aucun doute, porter à la graine un grave préjudice. Il est reconnu, par tous les hommes experts en cette matière, que lorsque la chaleur est au-dessus de 15 degrés, la graine subit les premiers effets de l'incubation; lorsque cette chaleur cesse immédiatement, la fermentation, l'avarie peuvent se produire, et les éducations n'ont plus alors qu'un avenir éphémère.

Il serait beaucoup trop long d'énumérer ici toutes les causes de dégénérescence, car elles sont fort nombreuses.

Nous verrons, d'ailleurs, dans le cours de ce travail, que la dégénérescence provient aussi de la manière de faire éclore les œufs, de la façon de procéder dans les diverses phases des éducations, sans oublier les causes attribuées à la confection de la graine, que l'on fait ordinairement sans prendre les précautions utiles et nécessaires.

Oui, nous le disons sans crainte d'être contredit et avec une conviction profonde, basée sur notre expérience de plusieurs années, il y a vice dans l'éclosion, vice dans l'éducation, vice dans la ponte de la graine, vice partout en un mot, et tout cela, parce que l'on ne veut pas se décider à suivre en cette matière les principes tracés par la nature, qui sont les seuls vrais, les seuls au moyen desquels on puisse obtenir des réussites brillantes.

Malheureusement, une cause bien majeure est encore venue aggraver le mal; nous voulons parler de la température ou plutôt de la climature peu favorable et tout-à-fait anormale dont nous sommes affligés depuis plusieurs années.

Sans aucun doute, cette maladie inexplicable du climat a exercé aussi une très-grande influence sur les éducations des vers à soie; c'est donc une raison de plus pour agir vigoureusement et pour trouver au mal un remède efficace.

Pour régénérer et faire fructifier la sériciculture, pour mettre un terme aux désastres dont cette industrie est menacée, il faut absolument procéder avec plus de méthode ; il faut avoir recours à des principes vrais, négligés jusqu'à ce jour : il faut laisser de côté tous ces moyens compliqués, artificiels, et les remplacer par un système simple et naturel ; il faut enfin suivre avec la plus grande exactitude les règles que nous allons indiquer et qui sont le résultat de nos études et de nos expériences nombreuses.

Nous avons bien suffisamment fait comprendre que toutes les causes de dégénérescence contribuent à l'affaiblissement de l'espèce ; elles doivent, par conséquent, produire une infinité de maladies plus ou moins désastreuses qui, sans raison, ont toujours été considérées comme contagieuses ou épidémiques.

La terrible maladie désignée sous le nom de *muscardine* occasionne tous les ans, en France, une perte considérable évaluée à plusieurs millions ; et cependant, comme nous l'avions déjà dit, il y a long-temps, (1) la muscardine ne provient que d'un commencement de dégénérescence ayant pris sa source dans des procédés anti-naturels. Cette dégénérescence fait chaque année de nouveaux progrès, et, de période en période, elle occasionne de plus terribles maladies, telle que la *gattine* qui touche au dernier degré de la dégénérescence.

---

(1) Voir, à la fin de ce livre, un article inséré dans le *Courrier de l'Isère* le 10 août 1851.

Nous pouvons même signaler un phénomène qui se produit assez généralement dans les éducations de vers à soie.

Une maladie grave, sérieuse, apparaît dans une chambrée, et détruit en quelques jours les espérances d'un éducateur; elle domine et peu à peu elle absorbe toutes les autres, de telle façon que les affections auxquelles sont ordinairement sujets les vers, perdent leur caractère primitif, et l'on voit bientôt se développer les symptômes de la maladie principale.

Dans une magnanerie où se manifeste la muscardine, presque tous les vers périssent par la muscardine; si la gattine domine, les autres maladies et même la muscardine ne séviront que très-médiocrement, et les vers périront par la gattine, qui sera la maladie la plus grave.

Il est facile d'en comprendre la cause : lorsqu'un être quelconque est malade, son organisation débile est déjà prédisposée à subir les atteintes d'une épidémie, d'une maladie, enfin, plus intense que la première.

N'est-ce pas là d'ailleurs ce qui arrive toujours pour l'espèce humaine? Lorsque la peste ou le choléra règnent dans une localité, ceux qui ne se trouvent pas dans un parfait état de santé sont bien plus sujets à ces cruelles épidémies, et presque tous les malades tombent sous le coup de la peste ou du choléra.

D'après notre expérience personnelle et les résultats que nous avons obtenus, nous pouvons, sans crainte, déclarer que le vice dans les éducations, les mauvaises méthodes, enfin, sont la cause première de la dégénérescence, de l'affaiblissement de l'espèce, et, par suite, de toutes les maladies.

La muscardine, par exemple, a résisté à tous les prétendus moyens inventés jusqu'à ce jour pour la guérir et la prévenir. Tous les remèdes plus ou moins prônés ont été complétement inefficaces.

Cependant, nous avons réussi à obtenir ce résultat longtemps désiré, sans employer aucun remède; et, par le seul fait d'une éducation simple et rationnelle, nous avons eu le bonheur de la voir disparaître dans nos chambrées.

Il n'est pas nécessaire, pour cela, de faire des lavages dans les magnaneries; nous n'avons pas eu besoin de mettre en usage les lessives caustiques, les solutions de sulfate, de chaux, les acides nitrique, sulfurique, muriatique étendus d'eau, les fumigations sulfureuses, etc. Tous ces procédés ne constituent qu'un palliatif la plupart du temps insignifiant ; d'après notre système , ce sont là , en quelque sorte , des précautions inutiles.

Non-seulement nous nous engageons à diminuer le mal lorsque la muscardine sévit déjà vigoureusement , mais nous avons la certitude de pouvoir le prévenir , ce qui vaut encore infiniment mieux.

S'il était nécessaire d'établir d'une façon plus notoire les faits que nous venons d'avancer , nous demanderions sans crainte qu'une commission compétente fut désignée à ce sujet ; nous choisirions une magnanerie atteinte et affectée de la muscardine depuis nombreuses années , sans nous occuper , en aucune façon , de la situation et des conditions bonnes ou mauvaises dans lesquelles elle se trouvait auparavant ; nous suivrions alors , selon nos procédés , une éducation en présence des membres de cette commission , et nous pourrions ainsi donner une preuve éclatante et irrécusable des faits que nous signalons.

Nous fournirons d'ailleurs , à la fin de ce volume , diverses attestations provenant d'éducateurs connus , au moyen desquelles on pourra se convaincre que nous sommes dans le vrai.

Nous n'entendons cependant pas déclarer d'une manière absolue que dans le cours d'une éducation nous ne verrons apparaître dans les chambrées aucun cas de muscardine ou d'autre maladie; nous voulons seulement établir que cette maladie ne sera plus une cause de désastre et qu'elle rentrera dans les conditions des maladies ordinaires qui sévissent dans toute agglomération d'êtres quelconques, mais qui n'empêchent pas d'obtenir de beaux et bons résultats. On comprend qu'il serait difficile et même impossible de faire disparaître entièrement, dans une magnanerie, les cas isolés de maladie provenant d'une multitude de causes.

Nous croyons enfin pouvoir dire et soutenir que, par l'application de notre système le plus naturel, les éducateurs arriveront à ramener facilement la sériciculture dans une voie meilleure; bientôt alors renaîtra de nouveau cet état de prospérité, et l'on verra revenir, dans les éducations, ces belles réussites qui jettent chaque année dans le commerce de brillants produits, et dans la circulation des sommes considérables.

CHAPITRE III.

—

I.

Construction et organisation des magnaneries.

La construction des magnaneries, leur organisation bien entendue, l'intelligente disposition de tout
local, enfin, auquel on donne cette destination, présentent, sans aucun doute, des conditions essentiellement favorables à l'éducation des vers à soie et
promettent des résultats plus satisfaisants. Les
propriétaires auraient, par conséquent, le plus grand
tort de ne pas profiter du bénéfice de ces conditions,
et de les négliger entièrement : car ils manqueraient
alors de tact, de prévoyance, de sagesse, et com-

mettraient une faute grave contre leur propre intérêt.

Et cependant, nous le disons avec peine, on
ne tient, le plus souvent, aucun compte des améliorations dues à la science et surtout à la pratique. C'est là, d'ailleurs, ce qui se produit dans la
plupart des industries importantes et des arts utiles.
On ne cherche pas, et quelquefois même on ne
veut pas suivre le progrès ; aussi n'y a-t-il pas harmonie entre les lumières du siècle et les résultats
peu satisfaisants que l'on obtient en général.

Les éducateurs pourraient sans contredit apporter
de grandes améliorations dans la construction et
l'organisation des magnaneries ; certainement alors
ils obtiendraient des produits plus abondants, de
meilleure qualité et bien suffisants pour rémuné-
rer leurs dépenses et leur procurer de larges bénéfices ; mais la routine est là, ce grand obstacle
à tout progrès, et, demander que des améliorations utiles et incontestables soient accueillies par
les masses, c'est en quelque sorte vouloir l'impossible.

Nous croyons avec conviction que des magnaneries convenablement établies sont d'un grand secours
pour les éducateurs, sous tous les rapports, mais
cependant elles ne sont pas d'une nécessité tout-à-

fait absolue pour l'application de notre système. On peut au besoin se dispenser de construire des magnaneries spéciales, organisées selon toutes les règles de l'art, ce qui nécessite toujours des dépenses considérables auxquelles les éducateurs ne veulent pas se soumettre.

Par notre procédé, on peut, avec avantage, élever des vers à soie dans un local et dans un appartement quelconque; on se sert même au besoin de la cave et du grenier, pourvu que l'on prenne certaines précautions que nous indiquerons, et qui contribueront à donner à ces lieux la meilleure aération à laquelle ils puissent se prêter.

Les modifications que nous demandons sont simples, faciles, et cependant elles sont d'une grande importance pour la réussite des éducations. Les dépenses, d'ailleurs, qu'elles occasionnent sont très-minimes et par conséquent à la portée de tous les propriétaires.

Tous aussi s'empresseront, nous en avons la certitude, d'adopter les améliorations que nous ferons connaître; car ils verront bien qu'elles ne sont pas le résultat d'une fantaisie, mais qu'elles sont basées sur le bon sens et sur les principes les plus vrais en matière de sériciculture.

II.

Nouvelles magnaneries à construire et modifications à apporter dans tout local destiné à élever des vers à soie.

Les grandes magnaneries sont très-peu favorables à l'éducation des vers à soie; souvent elles sont cause de réussites douteuses et quelquefois mauvaises.

Quelques auteurs ne sont pas de cet avis. Le célèbre Dandolo a lui-même émis, dans ses ouvrages, des assertions contraires; cependant, nous signalons un fait qui ne peut être aujourd'hui révoqué en doute, car chaque éducateur a pu se rendre un compte exact de la situation et s'apercevoir que nous sommes tout-à-fait dans le vrai.

Nous voulons bien croire que l'honorable comte Dandolo ait obtenu de brillants résultats dans de vastes magnaneries; mais nous pensons aussi que bien des propriétaires, avec sa méthode en mains, n'auraient probablement pas obtenu les mêmes réussites.

Sans aucun doute, un savant praticien, un innovateur en matière de sériciculture peut obtenir des résultats aussi bons et souvent meilleurs que celui qui se borne à de petites éducations : mais ce n'est pas là un fait général. Tel se croira assez habile pour suivre la méthode d'un praticien distingué et arriver au même but que lui, mais le plus souvent il ne trouvera qu'une amère déception.

Il est, sans contredit, plus facile à un innovateur d'agir et de faire l'application de ses hautes connaissances, que de faire agir les autres et de les initier à ses connaissances.

D'ailleurs, si M. le comte Dandolo n'avait eu à sa disposition que des espèces de vers à soie affaiblis et dégénérés, comme on les rencontre de nos jours, il aurait, probablement, plus facilement reconnu les inconvénients que présentent les grandes magnaneries.

Nous ne voulons pas dire que la grandeur du local nuise à l'éducation, mais nous blâmons vivement l'agglomération qui en résulte et qui peut produire de graves dommages.

Nous conseillons, en conséquence, aux propriétaires d'éviter autant que possible les éducations sur une grande échelle dans un même local. Ceux qui désirent construire de nouvelles magnaneries feront bien de les diviser et de les subdiviser en petites chambrées de cinq à dix onces au plus, selon qu'ils devront élever une plus grande quantité de vers.

Ainsi, nous supposons qu'un propriétaire fasse habituellement, tous les ans, cinquante onces de vers ; nous l'engageons alors vivement, dans son intérêt, à diviser la magnanerie en cinq, six, sept, huit chambrées et même davantage, si le bâtiment peut le comporter.

Il faut avoir soin surtout que les portes de ces diverses pièces n'établissent pas entre elles une communication, et qu'elles s'ouvrent par conséquent sur un corridor. On comprend très-bien qu'il est nécessaire de prendre les plus grandes précautions pour que les exhalaisons, les miasmes d'une chambrée ne puissent pas pénétrer dans une autre, car sans cela on retomberait incontestablement dans les inconvénients produits par une trop grande agglomération.

Nous conseillons aussi aux éducateurs qui possèdent aujourd'hui de vastes magnaneries non divisées, de se conformer le plus possible aux prescriptions que nous venons d'indiquer, qu'ils ne reculent pas devant les dépenses occasionnées par ce changement, car bientôt elles seront compensées par des produits meilleurs et plus abondants.

On nous dira peut-être que toutes ces divisions demanderont un personnel plus nombreux et donneront lieu à une main-d'œuvre plus lente et plus difficile, et, par suite, à des frais plus considérables.

Nous voulons supposer que ces craintes se réalisent, où serait le mal? Ne vaudrait-il pas mieux encore dépenser quelques écus de plus, si l'on doit arriver à des résultats bien supérieurs sous le rapport de la qualité et de la quantité. Ne peut-on pas s'imposer quelque sacrifice pour arriver à une récolte plus abondante, dont les produits s'élèveront probablement à 30, 40, 50 p. %, au-dessus des produits que l'on obtenait auparavant ?

Nous ne pensons pas d'ailleurs que le système de division puisse occasionner un surcroît de main-d'œuvre, si l'on suit exactement les indications que nous donnerons plus tard, et si l'on a soin de combiner les éclosions de telle façon que les différentes mues n'arrivent pas à la même époque.

Dans ces conditions, certains vers seront à la troisième mue lorsque les autres seront à la quatrième; le travail se trouve donc alors considérablement simplifié; c'est ce que nous expliquerons plus tard, en temps et lieu, dans le cours de cet ouvrage.

III.

Disposition des magnaneries.

Une magnanerie ou chambrée destinée à une éducation de cinq onces, doit avoir au moins **72** mètres de surface, c'est-à-dire 12 mètres de longueur et 6 de largeur ; sa hauteur doit être de 4 mètres, ce qui produit un vide de 288 mètres cubes, soit 57 mètres cubes par once de 31 grammes.

On établira dans la hauteur sept à huit rangs de tables ou claies superposées de façon à ce que l'on obtienne au moins une surface carrée de 300 mètres, soit 60 mètres par once ; les vers pourront alors parcourir ainsi convenablement toutes les phases de leur existence.

Il faut avoir soin de placer les tables ou les claies le plus possible vers la partie centrale du local, en réservant toutefois au milieu un passage principal. Nous voulons dire que ces tables ou claies ne doivent pas toucher les murs, ni même trop s'en rapprocher, afin que l'on puisse circuler librement tout autour, et par d'autres motifs que nous ferons connaitre plus tard.

Une magnanerie doit avoir une ou deux portes principales ; quatre grandes croisées seront établies aux quatre faces du local, si la position le permet. Il est bien évident que, pour les grandes pièces divisées en plusieurs chambrées, les fenêtres ne pourront se trouver que des deux côtés extérieurs.

Il n'existe aucun inconvénient à ce que les ouvertures soient pratiquées au nord ou au midi, au levant ou au couchant ; l'air provenant des quatre points cardinaux est également favorable, lorsque l'on en fait usage convenablement.

Il est important aussi d'établir des soupiraux au plancher supérieur de la magnanerie, non pas d'une façon irrégulière et inintelligente, comme cela se pratique ordinairement.

Pour se trouver à cet effet dans de bonnes conditions, il convient d'établir d'abord des soupiraux dans les quatre angles de la salle, dans les grands côtés latéraux et tout près du mur, puis, enfin, dans le milieu du plancher, au-dessus du passage principal.

Nous établissons donc huit soupiraux, quatre tout-à-fait aux angles, deux sur les côtés et deux au milieu ; ces ouvertures doivent avoir au moins 40 à 50 centimètres carrés ; quant à celles des côtés et du milieu, il est convenable de leur donner une forme plus allongée, afin qu'elles soient moins près des tables et des vers.

Ces soupiraux seront garnis d'une toile métallique, afin d'amoindrir les courants d'air, de les tamiser en quelque sorte, et de préserver les vers de l'atteinte des rats. Cette toile métallique sera placée du côté de la magnanerie, afin que les ouvertures puissent se fermer sans aucun embarras, même avec le secours d'une ficelle faisant l'office d'une corde à poulie.

Le système de l'organisation de ces soupiraux est facile à comprendre ; il est d'ailleurs généralement connu par tous ceux qui s'occupent de sériciculture depuis quelques années. Le couvercle du soupirail ne doit être que la partie du plancher coupée en biais à l'aide d'une scie. Lorsque l'on veut alors fermer cette ouverture, le couvercle tombe en lâchant une corde retenue par un clou ou tout autrement.

Les soupiraux, pratiqués et organisés comme nous venons de l'indiquer, sont d'une nécessité absolue et présentent les plus grands avantages. L'air se renouvelle mieux et plus régulièrement ; les courants établis ne sont pas trop sensibles et quelquefois meurtriers comme ceux provenant des petits soupiraux. L'éloignement des tables ou claies est un obstacle à ce que les vers puissent être incommodés. C'est précisément pour ce dernier motif que nous avons prescrit de ne pas placer les claies contre les murs, et de les tenir, au contraire, à une certaine distance.

Une magnanerie établie dans de bonnes conditions doit encore posséder quatre cheminées placées aux quatre angles, directement sous les soupiraux. Deux poêles sont aussi nécessaires et seront, le plus possible, posés dans le grand passage du milieu, encore au-dessous des soupiraux.

Il est bien certain que les quatre cheminées et les deux poêles ne sont pas destinés à chauffer continuellement et en même temps ; les cheminées sont surtout utiles pour opérer le renouvellement de l'air, et souvent nécessaires dans de certains moments où des accidents fâcheux peuvent se produire dans l'atmosphère intérieure ou extérieure.

Selon le degré de température, on fait du feu tantôt dans les poêles, tantôt dans les cheminées, et quelquefois partout en même temps. Dans d'autres circonstances, on ne fait marcher qu'un poêle, qu'une cheminée. Tout cela dépend d'une multitude de cas que nous tâcherons d'indiquer et que l'éducateur intelligent saura bien vite apprécier.

Au plancher inférieur de la magnanerie, doivent encore se trouver deux vastes trappes, au moyen desquelles on se débarrassera de la litière ; ces ouvertures pourront être utilisées, au besoin, pour renouveler l'air et donner de la fraîcheur dans les moments où règne une trop forte chaleur.

Tout propriétaire qui fera construire une magnanerie suivant les indications que nous venons de donner, devra, pour se trouver dans les meilleures conditions, adjoindre à sa magnanerie principale un petit local établi d'après les mêmes bases, et dans lequel on pourrait procéder à l'éducation d'une demi-once ou d'une once au plus.

Cette pièce devra posséder au moins une cheminée, une croisée, quatre soupiraux, et être située de manière à recevoir le soleil levant. C'est là que se pratiquera l'éclosion de la graine, c'est là que l'on pourra, au besoin, faire une éducation spéciale dont nous parlerons ailleurs.

Voilà les indications à suivre pour établir une magnanerie convenable. Les dépenses occasionnées par cette organisation ne seront pas très-considérables, et l'éducateur ne se trouvera pas au milieu d'une multitude de complications le plus souvent inutiles. On verra, d'ailleurs, dans les chapitres suivants, la manière d'en user avec avantage.

Tout le monde comprend que les proportions que nous avons données pour une éducation de cinq onces peuvent servir de guide pour l'établissement de magnaneries plus grandes ou plus petites.

Si l'on désire approprier à l'éducation des vers à soie un local que l'on possède déjà, et que l'on ne veuille pas se soumettre à toutes les réparations nécessaires, il convient au moins de faire les modifications suivantes, car elles sont d'une nécessité absolue pour arriver à une bonne réussite :

1° Pratiquer autant que possible des ouvertures propres à remplacer les fenêtres qui n'existent pas ;

2° Créer surtout, chose des plus importantes, des soupiraux dans les dimensions déjà indiquées, ayant soin de les établir en proportion de la grandeur du local. Il ne faut jamais négliger de placer ces ouvertures les unes dans les angles, et les autres aux points déjà signalés ;

3° Si, pour garnir les soupiraux, le propriétaire ne veut pas faire la dépense occasionnée par l'achat de toiles métalliques, que nous croyons cependant très-favorables à l'aération et propres à préserver des rats, il pourra se borner à se procurer une feuille de papier troué, comme celles servant de filet pour le délitement, et il la mettra à la place de la toile métallique.

Ce moyen est au besoin suffisant, puisqu'il remplit à peu près le même but ;

Afin de préserver les papiers des atteintes des rats, on aura soin de les tremper préalablement dans une dissolution aloétique (10 centimes d'aloës dans un litre d'eau). Les rats n'y toucheront plus alors, et ne pourront, en aucune façon, s'introduire dans la magnanerie.

III.

Magnaneries provisoires.

Dans le cas où l'espace manquerait lorsque les vers ont accompli la quatrième mue, l'éducateur pourrait, au besoin, se servir du premier local venu, lors même qu'il n'aurait pas été approprié à cet usage, tel qu'un galetas, un grenier, un hangar, etc.

Il s'agirait seulement de convertir ces lieux en magnaneries provisoires. Pour cela, il suffit d'employer convenablement une certaine quantité de papier sans fin et de former ainsi une petite maisonnette ou cabane. Cette opération peut se faire très-facilement, à bon marché, et voici comment :

Au moyen de quelques morceaux de bois, on établit une espèce de charpente légère ; on place quelques lambourdes, comme si l'on voulait faire une gype, puis on place dessus du papier en le collant avec de la farine, bande par bande, et l'on forme ainsi un plafond, un mur en papier.

Il est bien certain que l'on ne devra pas négliger un mur, une gype que l'on pourrait utiliser dans cette circonstance, car ce serait un moyen de simplifier le travail.

La seule chose à redouter dans ce cas, c'est le vent qui peut s'engouffrer dans la petite maisonnette factice et porter atteinte à sa fragile construction. Pour parer le plus possible à ces accidents, il faut avoir soin non-seulement de bien coller les papiers, mais encore de les fixer solidement, de distance en distance, à quelques bois ou poteaux, et même au plancher inférieur.

Il faut encore se prémunir contre les rats, leur enlever la possibilité de ronger la colle attachée au papier, et de le trouer ensuite. Pour détruire cet inconvénient, il suffit de procéder comme nous l'avons déjà dit relativement aux papiers destinés à remplacer la toile métallique des soupiraux. Dans ce but, la colle sera fabriquée avec de l'eau dans laquelle on aura fait dissoudre de l'aloès, à raison de 10 centimes par litre. Les rats attaquent rarement les papiers bien tendus, lorsqu'ils ne sont pas alléchés par de la colle ou toute autre matière dont ils sont friands. Il est alors très-probable qu'au moyen de cette préparation on se mettra tout-à-fait à l'abri des ravages causés par ces animaux.

Cependant, il ne faudrait pas trop tarder de décoconner ces espèces de magnaneries artificielles ; car souvent les vers mouillent le papier au moment de la montée , et les rats pourraient bien alors s'introduire au milieu des cocons. Il est toujours important , d'ailleurs , d'exercer dans ce cas une surveillance active.

Telles sont les modifications que nous conseillons, et les améliorations que nous indiquons comme indispensables , dans le cas où le propriétaire ne pourrait pas faire mieux , et se rapprocher davantage du système des magnaneries bien organisées.

IV.

Local pour entreposer la feuille de mûrier.

Le local où l'on veut entreposer et conserver la feuille doit être situé au rez-de-chaussée , au-dessous de la magnanerie , ou bien le plus près possible ; il faut choisir un endroit frais et même un peu humide, qui doit être fermé de façon à ce qu'il ne reçoive presque pas la lumière et que l'air n'y arrive pas non plus en trop grande abondance.

Ces conditions favorables et nécessaires à la bonne conservation de la feuille l'empêchent de se dessécher et de s'altérer. Cependant, il ne faut pas pousser ces précautions à l'excès, de telle sorte qu'elles deviennent une gêne soit pour placer la feuille, la soigner ou la prendre, car le temps que l'on met à faire ce travail n'est pas assez long pour qu'elle puisse se détériorer.

Mais il est une précaution essentiellement importante à laquelle nous devons nous arrêter un instant.

Il est d'une nécessité absolue que la feuille soit déposée sur un plancher, sur des dalles ou sur un carrelage, afin qu'elle ne soit pas en contact immédiat avec la terre.

La plupart des éducateurs ont la funeste habitude de faire leur entrepôt de feuille dans une cave, sans avoir le soin de mettre quelque chose dessous. Il est certain, cependant, que ce système peut occasionner de très-graves inconvénients, et, par suite, de sérieux dommages dans les éducations.

Bien souvent des cas de maladie ou de mortalité se manifestent, dans une chambrée, plutôt sur une table que sur une autre; on se demande alors quelle peut en être la cause, et l'on ne se doute pas qu'elle provient de ce défaut de précaution.

Nous avons fait, à ce sujet, quelques expériences concluantes; nous avons pris, dans ce but, de la feuille placée depuis deux ou trois jours sur le sol d'une cave, nous l'avons donnée à une certaine quantité de vers séparés, et chaque fois nous avons reconnu qu'ils se trouvaient dans des conditions de santé moins satisfaisantes que celles des autres auxquels nous avions donné de la feuille provenant directement de l'arbre, ou bien conservée sur un plancher ou des dalles.

Nous avons même vu une petite chambrée très-compromise parce que le propriétaire avait commis plusieurs fois la faute que nous venons d'indiquer.

Ces fâcheux résultats sont d'ailleurs faciles à comprendre, si l'on veut porter un instant son attention sur les phénomènes qui se produisent en cette circonstance.

La feuille que les manœuvres apportent à l'habitation est ordinairement échauffée par le soleil et quelquefois même par un commencement de fermentation qui se produit à cause du tassement. La feuille que l'on dépose dans ces conditions sur le sol d'une cave humide se trouve dans un état très-propre à absorber la plus grande partie de l'humidité de la terre; or, cette humidité est-elle bien naturelle?

Les caves sont, le plus souvent, presqu'entièrement privées d'air et toujours de soleil; évidemment, ce ne serait pas là une habitation saine pour l'homme. La feuille doit nécessairement absorber des gaz plus ou moins délétères, et, par conséquent, porter atteinte à la vitalité des vers à soie, qui aiment avant tout la feuille fraîche, ou du moins conservée dans les meilleures conditions de salubrité et d'aération.

Lorsque l'éducateur ne possède pas un local préparé à cet effet, il peut placer la feuille dans un cellier, même dans une cave, pourvu qu'elle ne soit pas trop humide, en ayant soin de mettre des planches sur le sol et d'étendre encore par-dessus des linges assez forts.

Il faut, dans tous les cas, avoir grand soin de ne pas trop entasser la feuille, de la placer par couches de 12 à 15 centimètres au plus, et de la remuer souvent, afin d'éviter la fermentation, car toute feuille fermentée s'altère et devient pour les vers une mauvaise nourriture.

La feuille est un des grands éléments de réussite, il ne faut donc négliger aucune précaution, afin que les vers la mangent avec avidité et profit.

CHAPITRE IV.

I.

Lavage de la graine.

Les soins que l'on donne à la graine avant l'éclosion doivent nécessairement exercer une influence sur toute l'éducation : il est donc important de ne rien négliger pour qu'elle se trouve dans les meilleures conditions. Nous pensons, en conséquence, qu'il est très-utile de prendre, avant l'éclosion, les précautions suivantes :

Vers la fin de février ou pendant la première quinzaine de mars, et par une de ces belles journées annonçant le retour du printemps, il faut prendre les linges sur lesquels les œufs ont été pondus, et les tremper dans de l'eau à une température ordinaire. Cette eau, provenant d'un puits, d'une fontaine ou d'une rivière, doit être placée dans un vase quelconque, quelques heures avant de procéder à cette opération, qui doit être faite avec beaucoup de ménagement, afin de ne pas perdre la graine.

Pour obtenir un résultat satisfaisant, l'éducateur remplira aux trois quarts un baquet ou un autre vase avec cette eau, puis il y plongera les linges pendant cinq à six minutes ; il les retirera ensuite en les laissant quelques instants s'écouler au-dessus du vase, afin que la graine détachée des linges ne puisse pas se perdre et retomber dans l'eau.

Après cette première opération, les linges seront suspendus dans un appartement bien aéré et sans feu, où ils resteront jusqu'à ce qu'ils soient entièrement secs, ce qui arrivera probablement au bout de deux jours, à moins que l'air ne soit saturé d'une trop grande humidité.

Lorsque la graine sera totalement sèche, on roulera les linges comme auparavant, et on les placera dans un lieu frais ; on pourrait aussi les laisser suspendus au mur sans les rouler, mais alors il faudrait prendre toutes les précautions pour que les rats ne parvinssent pas à les attaquer.

Nous avons dit qu'il pourrait arriver qu'une certaine quantité de graine restât au fond du vase à la suite du lavage prescrit ; dans ce cas, il ne faut pas négliger de la recueillir, de la faire bien sécher et de la mettre ensuite dans une boîte que l'on place aussi dans un lieu frais.

Cette opération du lavage de la graine peut se faire plus tôt ou plus tard, suivant que la température est plus ou moins favorable ; dans tous les cas, aussitôt que l'on rencontre une série de beaux jours, il faut en profiter sans retard.

II.

Comment il faut détacher la graine des linges.

Vers le 15 ou le 25 avril, au plus tard, le moment est favorable pour détacher la graine des linges sur lesquels elle a été pondue, afin de se préparer à l'éclosion. Pour arriver convenablement à ce résultat, on doit prendre les précautions les plus minutieuses.

On plonge d'abord de nouveau les linges dans l'eau, comme nous l'avons déjà indiqué ; on les remue pour les faire imbiber complètement, puis on les retire seulement huit ou dix minutes après.

Il faut, par cette opération, amollir et faire dissoudre le mieux possible la substance gommeuse qui maintient les œufs attachés au linge et liés entre eux, et par conséquent faciliter leur séparation. On comprend bien que si cette substance visqueuse n'est pas suffisamment détrempée par un séjour assez prolongé dans l'eau, il peut en résulter pour la graine de graves inconvénients ; car alors on se trouvera dans la nécessité de la détacher avec force et, par conséquent, de la détériorer.

Lorsque les linges se trouvent dans un état d'humidité convenable, on les place sur une table et on détache les œufs au moyen d'un instrument ni trop, ni trop peu tranchant, tel, par exemple, qu'un couteau de table non affilé. Pour procéder à cette opération le plus commodément possible, on tient ordinairement le linge bien tendu de la main gauche en se servant de l'instrument de la main droite.

Lorsque les graines sont entièrement détachées du linge, on les place dans une assiette, un vase ou un bassin quelconque ; on verse de l'eau dessus, puis on agite le tout légèrement avec la main, afin que les œufs soient entièrement séparés les uns des autres. Ceux qui surnagent sont généralement peu convenables pour l'incubation ; il faut, en conséquence, les jeter. Les autres seront versés sur un tamis ou sur un linge clair, afin que l'eau s'écoule entièrement, puis ils seront placés sur un autre linge sec, par couches légères d'un millimètre environ. Il ne restera plus alors qu'à les faire sécher entièrement, pendant quarante-huit-heures au moins, dans un appartement aéré et sans feu.

Lorsque la graine est complétement sèche, il est assez convenable de la mettre par couches d'un centimètre environ dans des assiettes ordinaires que l'on recouvre avec d'autres assiettes, afin de les préserver des rats et de l'influence de l'atmosphère.

III.

Où l'on doit placer la graine

La graine préparée comme nous venons de le dire doit être placée dans un local aéré, sec et frais, et dans lequel la température ne s'élèvera pas au-dessus de 12 à 14 degrés.

Il est important surtout d'éviter un inconvénient très-grave qui malheureusement se produit assez généralement.

Les propriétaires ont la funeste habitude de placer les graines dans des chambres à coucher où se trouve souvent une atmosphère nauséabonde et malsaine, où le thermomètre pourrait, la plupart du temps, s'élever à 15 ou 16 degrés et même davantage, suivant les circonstances.

On ne saurait croire combien l'incurie des éducateurs à ce sujet peut devenir pernicieuse, et sans aucun doute elle contribue à de nombreux insuccès qui, chaque année, causent des pertes considérables. Nous ne saurions trop blâmer ce défaut de précautions, et nous sommes cependant obligé de dire qu'il est poussé jusqu'à ses dernières conséquences.

Ne voyons-nous pas chaque jour des propriétaires laisser des œufs, sur lesquels ils fondent l'espérance de leur éducation, dans une chambre où se trouve un malade : on est alors dans la nécessité de faire du feu, et, par conséquent, la température s'élève quelquefois de 18 à 20 degrés.

Dans ce cas alors, l'éclosion ne se fait pas dans des conditions convenables, la réussite est fort incertaine et l'on ne s'aperçoit pas que l'on doit cet insuccès au défaut de soins donnés à la graine. On compte sur une récolte abondante et l'on éprouve une amère déception,

Il est cependant bien facile de trouver des lieux propres à la conservation de la graine; les propriétaires les rencontrent en abondance dans leurs habitations, car il suffit de choisir un emplacement où l'air se renouvelle sans cesse, pourvu que la température n'y soit pas trop élevée.

Ces conditions indispensables se trouvent à chaque pas, dans un corridor, un couloir, une montée d'escalier, sous le manteau d'une cheminée où l'on ne fait pas de feu, et même au besoin dans un cellier, dans une cave, pas trop humide, et enfin dans beaucoup d'autres lieux semblables.

En agissant ainsi, l'éducateur pourra au moins commencer une éducation avec l'espérance de la voir réussir.

Les observations que nous venons de faire paraissent, au premier coup-d'œil, n'être qu'une minutie, mais lorsqu'on veut y réfléchir quelques instants, on en comprend bien vite l'importance et l'utilité. Aussi engageons-nous vivement les propriétaires à les mettre en pratique, car ils n'auront qu'à s'en louer.

IV.

Pourquoi les graines doivent être soumises à plusieurs lavages.

Ce que nous avons dit relativement au lavage de la graine, pratiqué en février ou mars, suivant la température de la saison, étonnera probablement quelques éducateurs qui n'en comprennent pas la portée; nous dirons même dès à présent que ce lavage n'est pas le seul, comme nous le verrons plus tard.

Cependant on comprendra très-bien la cause de cette opération lorsque l'on connaîtra parfaitement notre système d'éducation, entièrement basé sur l'imitation de la nature.

D'après notre expérience et nos observations de chaque jour, nous pensons que l'action de l'humidité est essentiellement favorable à l'éclosion des vers.

Tout a, dans la nature, des liens intimes; les animaux et les végétaux ont une ressemblance incontestable sous plusieurs rapports. Les belles journées du printemps font éclore les boutons comme les chenilles. N'est-il pas évident qu'après une pluie douce la nature se pare d'une végétation luxuriante ; il en est de même pour certains êtres animés.

Nous avons souvent observé que l'éclosion des œufs de chenilles ordinaires arrivait plus facilement par un temps humide que par un temps sec. Le germe produit par la fécondation se trouve probablement dans de meilleures conditions pour l'incubation.

S'il existe dans la nature des secrets que nous ne pouvons surprendre, il existe aussi des phénomènes qui frappent nos sens, qui peuvent guider ceux qui font une étude spéciale et qui y apportent une sérieuse attention. Les faits que nous voyons se produire dans l'état naturel ne sont-ils pas des enseignements utiles que nous ne devons pas dédaigner et qu'il faut mettre en pratique, si l'on veut obtenir des résultats satisfaisants ?

Nous savons tous que les vers à soie sont originaires de la Chine ; nous savons tous que, dans certaines localités, les éducations se font sur les arbres, et les graines, déposées par les femelles, y restent jusqu'à la saison suivante, sans éprouver aucune détérioration.

Les pluies arrivent, comme dans tous les pays,

à l'époque où la nature commence, à chaque saison, les premières phases de son existence. Eh bien ! alors les œufs de vers à soie sont exposés à la pluie comme les végétaux. Il est d'ailleurs un fait constant, c'est que l'humidité est nécessaire pour que l'incubation se fasse d'une manière convenable. Sans aucun doute, si l'on plaçait des graines dans un lieu entièrement privé d'humidité, l'éclosion n'aurait pas lieu, ou du moins se ferait fort mal, malgré la chaleur à laquelle on soumettrait les œufs.

Voilà principalement la cause d'un mauvais commencement d'éducation ; voilà pourquoi beaucoup de propriétaires obtiennent la naissance des vers dans les plus déplorables conditions.

Nous avons, d'ailleurs, fait à ce sujet des expériences nombreuses, et nous avons remarqué que la graine, à l'état naturel, peut supporter longtemps la pluie, même une pluie froide et mélangée de neige. Lorsque le beau temps survient, l'éclosion se fait alors très-bien, après quatre à cinq jours, et les vers en provenant sont plus beaux et plus robustes que ceux généralement obtenus à l'état domestique.

Il ne faut pas craindre que le lavage puisse être nuisible à la graine en détruisant le vernis dont elle est entourée, malgré l'opinion contraire que pourraient émettre de savants et honorables praticiens.

Nous croyons pouvoir affirmer que ces craintes seraient chimériques ; les éducateurs pourront au besoin s'en convaincre en se livrant à quelques faciles expériences.

La détérioration de la graine ou du vernis, si vernis il y a, sera, sans aucun doute, plutôt occasionnée par la manière inhabile dont elle est le plus souvent détachée des linges, par l'entassement et par la fermentation.

Il est certain que les œufs de vers à soie ne peuvent nullement être altérés par un séjour prolongé dans l'eau, puisque, nous l'avons déjà dit, ils résistent parfaitement à une pluie, même de longue durée.

Nous avons, d'ailleurs, souvent lavé de la graine dix, douze, quinze fois, et nous avons toujours obtenu des éclosions excellentes.

Nous avons mieux fait, nous avons placé de la graine dans un vase rempli d'eau ; nous l'avons ainsi laissée pendant quinze jours, et, malgré cela, les résultats de l'incubation ont été on ne peut plus satisfaisants.

Ces faits sont certes bien assez concluants. Les éducateurs que nous ne pourrons convaincre ont un moyen simple de faire disparaître leurs doutes ;

qu'ils expérimentent, et, comme nous, ils auront la certitude que les lavages, loin de nuire à la graine, ne peuvent lui être que d'une grande utilité.

Contre l'avis de bien des gens qui suivent avec persistance le système de la routine et de l'habitude, nous ne sommes nullement partisan des lavages au vin ou à toute autre matière de ce genre.

Il a été impossible jusqu'à ce jour de se rendre compte de l'effet salutaire ou pernicieux obtenu à l'aide de cet usage peu rationnel, pratiqué dans beaucoup de localités. Nous pensons que ces lavages sont plus nuisibles qu'utiles. Du moment où l'on fait une chose sans raison, il est infiniment préférable de s'en abstenir.

C'est là d'ailleurs, le plus souvent, un moyen de fraude employé par les spéculateurs qui opèrent un lavage avec du vin ou tout autre liquide colorant, afin de tromper l'acheteur sur la qualité vraie, de telle sorte que les graines les moins bonnes passent ainsi quelquefois pour les plus belles.

Nous persistons en conséquence à nous prononcer formellement contre les lavages autres que ceux faits avec de l'eau ordinaire; car, seuls, ils se rapprochent des principes de la nature auxquels il faut absolument revenir.

CHAPITRE V.

I.

Soins préliminaires.

La végétation du mûrier est la grande règle qui doit déterminer l'époque de l'éclosion. Lorsque les boutons commencent à se former, on doit songer à l'éclosion et prendre les précautions nécessaires pour l'obtenir dans de bonnes conditions.

Comme nous l'avons déjà observé, le local à ce destiné doit être situé de manière à recevoir autant que possible le soleil levant. La graine sera placée sur une claie à jour ou grillage, éloignée de la cheminée, du poêle et de toute porte ou fenêtre pouvant donner un courant d'air trop violent.

Il est convenable de choisir à cet effet un cadre en fil de fer, tel que ceux dont on se sert généralement dans les magnaneries convenablement organisées pour l'éducation des vers, et de le recouvrir d'un linge quelconque bien tendu. On étend alors la graine dessus, par couches très-légères, de manière à ce que deux ou trois graines au plus se trouvent l'une sur l'autre.

Sur toute la surface occupée par la graine, on place un tulle dont les mailles doivent être suffisamment larges pour que les vers passent facilement à travers au moment de l'éclosion, mais assez étroites pour qu'elles opposent une barrière aux œufs non encore éclos.

Pour profiter avec fruit de l'emploi de cette espèce de filet, il convient d'établir les couches de graines en forme de carré, en suivant en cela la forme du tulle, qu'il faut tendre avec beaucoup de précautions et fixer au linge à l'aide de plusieurs épingles piquées vers les angles ou autour.

Pour préserver la graine de la poussière qui s'amasserait à la longue et qui pourrait lui nuire, il est utile de former une espèce de toiture en papier ou en toile, à vingt centimètres environ au-dessus de cette précieuse semence.

Toutes ces mesures prises, il ne faut pas se presser pour chauffer le local ; il convient, au contraire, de laisser la graine à la température naturelle pendant plusieurs jours et jusqu'à ce que la végétation indique qu'il faut hâter l'éclosion.

L'air du local dans lequel se trouve la graine doit être souvent renouvelé, et les fenêtres peuvent être ouvertes pendant la journée, lorsque la température extérieure le permet. Si le temps est beau, il ne faut pas craindre de faire pénétrer aussi à l'intérieur la chaleur vivifiante du soleil, sans laisser cependant la graine exposée à ses rayons. Il faut enfin mettre à profit tout ce que peut offrir de favorable la température des belles journées, et ne pas même dédaigner les douces fraîcheurs de la chute du jour.

Toutes ces précautions paraissent au premier abord insignifiantes, cependant elles sont d'une grande importance et produisent sur la graine un effet salutaire qui la place dans les meilleures conditions propres à favoriser la naissance des vers.

La graine à laquelle on aura donné les soins préliminaires que nous venons d'indiquer, éclora, sans aucun doute, plus naturellement et surtout avec plus de facilité et de spontanéité ; on obtiendra , d'ailleurs, ainsi l'avantage de pouvoir retarder l'éclosion sans danger , en cas de mauvais temps , et de la presser au besoin.

Nous engageons donc vivement les éducateurs à suivre les indications que nous venons de donner , et à prendre ainsi , huit à dix jours d'avance , toutes les précautions qui peuvent contribuer à leur faire obtenir une bonne éclosion , base première de toute éducation satisfaisante.

II.

Température nécessaire à l'éclosion

Lorsque la végétation du mûrier commence à se produire , il devient indispensable de hâter la naissance des vers. On commence alors à chauffer le local dans lequel ils sont déposés , soit au moyen d'un poêle , soit avec le feu de cheminée.

Dans nos pays , rapprochés des montagnes et de la neige qui les couvre , il est prudent de s'arranger de façon à ce que l'éclosion de la graine soit plutôt tardive que précoce. Les éducateurs se pressent généralement trop pour arriver les premiers à la fin de l'éducation. Nous avons été plusieurs fois témoin des inconvénients produits par ce système, car il arrive des froids qui retardent la végétation; les vers n'en poursuivent pas moins leur carrière; on est alors obligé de consommer une très-grande quantité de feuille avant qu'elle soit parvenue à son développement ; de là, perte considérable, embarras nombreux.

Quoi qu'en disent plusieurs auteurs, la feuille est bien plus profitable lorsqu'elle est moins jeune, et les vers en mangent moins, car elle est plus nutritive. Il est bien certain qu'il faut toujours commencer les éducations avec de jeunes pousses, mais on en trouve en quantité suffisante dans les pourrettes, les mûriers sauvages que doit posséder tout propriétaire prévoyant.

En procédant ainsi, l'éducateur ne se trouve pas dans la nécessité de dépouiller les gros mûriers avant la maturité de la feuille, d'où il résulte une grande économie.

Nous avons remarqué, d'ailleurs, que les vers nourris avec des pousses moins tendres, et surtout provenant de sauvageons, sont plus vigoureux et plus prompts dans les différentes mues.

Le premier jour, la température ne doit pas s'élever au-dessus de 14 à 15 degrés ; mais, pendant la nuit, le feu doit être supprimé totalement, de manière à ce que la température revienne à son état naturel, quel qu'en soit le degré.

Pour que nos lecteurs puissent bien comprendre et suivre nos indications au sujet de l'éclosion et de la température qui convient, soit pendant le jour, soit pendant la nuit, nous croyons convenable de mettre sous leurs yeux le tableau suivant :

TABLEAU RÉGULATEUR DE L'ÉCLOSION.

JOURNÉES.	TEMPÉRATURE DU JOUR.	TEMPÉRATURE DE LA NUIT.
1re journée..	14 à 15 degrés..	Température ordinaire sans feu.
2e journée..	15 à 16 degrés..	Température ordinaire sans feu.
3e journée..	16 à 17 degrés..	Température ordinaire sans feu.
4e journée..	17 à 18 degrés..	Température ordinaire sans feu.
5e journée..	18 à 19 degrés..	15 à 16 degrés.
6e journée..	19 à 20 degrés..	16 à 17 degrés.
7e journée..	20 à 21 degrés..	17 à 18 degrés.
8e journée..	20 à 21 degrés..	17 à 18 degrés.

Cette dernière température doit être maintenue jusqu'à la fin de l'éclosion.

Lorsque le chauffage se fait au moyen d'un poêle, il faut avoir soin de toujours tenir sur ce poêle un vase rempli d'eau, afin que la douce humidité produite par la vapeur facilite l'éclosion et fasse disparaître l'effet fâcheux d'une chaleur trop sèche, tout-à-fait défavorable, comme nous l'avons déjà expliqué.

Nous recommandons aussi spécialement aux éducateurs de ne pas trop forcer la température pendant la nuit ; la chaleur ne doit jamais s'élever au-dessus de 17 à 18 degrés ; il n'y aurait pas même d'inconvénient à ce qu'elle fût maintenue à un degré plutôt inférieur que plus élevé.

Pendant toute cette période de l'éclosion, qui peut se prolonger jusqu'au douzième jour, il est important, essentiel et même nécessaire de renouveler l'air plusieurs fois pendant la journée, soit en ouvrant les portes ou les fenêtres, suivant que la température extérieure le permet ; mais il ne faut pas pour cela négliger le degré de chaleur prescrit, en forçant alors davantage le poêle ou le feu de la cheminée.

Il est bien évident que lorsque le temps est pluvieux ou froid, comme cela arrive quelquefois dans les premiers jours du mois de mai, il devient difficile de renouveler aussi souvent l'air. Dans ce cas, on se borne à ouvrir les fenêtres pendant quelques minutes seulement ; mais lorsque le soleil brille de tout son éclat, lorsque la végétation est, par conséquent, dans toute sa vigueur, et que la nature est sur le point d'accomplir ce magnifique travail de renaissance, au moyen duquel elle se reproduit chaque année d'une façon aussi admirable, il faut alors en profiter; il faut ouvrir toutes les issues par lesquelles peut pénétrer la chaleur vivifiante du soleil, tout en ayant soin de maintenir la température voulue, suivant le degré indiqué dans le tableau ci-dessus.

Si le propriétaire possède un local spécial pour l'éclosion de la graine, il ne doit pas seulement renouveler l'air au moyen des portes et fenêtres, mais il doit encore se servir avec intelligence des soupiraux établis à cet effet, ayant soin cependant de ne laisser ouverts que ceux qui ne peuvent pas amener trop directement le courant d'air sur la graine.

Il faut enfin se comporter et agir de telle sorte que l'air de la pièce dans laquelle s'opère l'éclosion soit libre comme l'air extérieur, et contienne précisément ce principe de vitalité sans lequel les êtres animés et même les végétaux ne peuvent avoir qu'une existence frêle et très-peu robuste.

Quelquefois il arrive que l'éclosion de la graine commence déjà à la température de 17 à 18 degrés. Pour obtenir dans ce cas une éclosion satisfaisante, il est nécessaire d'augmenter la chaleur et d'élever immédiatement la température à 19 ou 20 degrés, sans craindre, en aucune façon, de porter atteinte à la constitution du ver.

III.

Levée des vers.

Assez habituellement, vers le septième ou le huitième jour, les vers commencent à éclore à une température de 19 à 20 degrés, lorsque la graine a été obtenue et conservée dans les meilleures conditions, et que le local a été chauffé tous les jours, suivant nos prescriptions, depuis cinq heures du matin jusqu'au soir.

L'éclosion doit toujours avoir lieu en masse après le levée du soleil, c'est-à-dire vers six à sept heures. Les vers qui éclosent en petite quantité dans le courant de la journée ne valent pas la peine qu'on les ramasse, ou, du moins, on attend le lendemain.

Nous n'avons pas une bonne opinion des vers qui éclosent au soleil couchant, rarement ils arrivent à bonne fin. Ce phénomène irrationnel se produit assez rarement; mais, lorsqu'il a lieu, il faut en tirer la conséquence que la graine est entachée d'un vice inhérent, ou bien que l'on n'a pas procédé à l'éclosion selon les vrais principes.

Les vers qui naissent les premiers sont ordinairement en petite quantité ; sans aucun doute, il faut les recueillir, mais il est prudent de ne pas les conserver, ou bien de les mettre à part ; ils pourront être utiles pour guider l'éducation des autres.

Dans tous les cas, nous conseillons aux propriétaires de placer toujours au centre de la magnanerie quelques centaines de vers devançant les autres d'un jour ou deux, et de leur donner les mêmes soins et le même traitement qu'à ceux de toute la chambrée. En suivant avec attention les différentes mues, on peut savoir d'avance le jour où les autres vers commenceront les diverses phases de leur transformation.

Plus d'incertitude alors pour savoir si l'on doit déliter la veille ou le lendemain, et s'il est nécessaire de donner plusieurs repas avant de laisser accomplir la mue. C'est là un jalon planté qui ne permet plus à l'éducateur de s'égarer, et lui donne les moyens d'agir avec certitude et connaissance de cause.

Mais n'anticipons pas, et revenons au sujet qui nous occupe en ce moment.

On reconnaît à la couleur blanchâtre de la graine que l'éclosion ne tardera pas à avoir lieu ; le ver est alors déjà formé à l'intérieur, et, au moyen d'un verre microscopique, on peut parfaitement le distinguer à travers la coque.

Lorsque les vers commencent à naître, il faut se préparer à les recueillir et à les soigner convenablement ; à cet effet, on doit se procurer de la feuille ou plutôt de légers rameaux composés de deux à trois feuilles jeunes et tendres. Il est important de choisir des mûriers sauvageons ou non greffés.

Dans la matinée, après le soleil levant, et surtout vers sept heures, les vers à soie naissent en grande quantité et cherchent à abandonner leur retraite pour trouver de la nourriture.

Il faut alors s'empresser de placer sur le tulle qui recouvre la feuille quelques bouquets de feuille assez rapprochés, de manière à ce que ces petits animaux n'aient pas trop à courir pour les atteindre.

Aussitôt que les rameaux sont garnis de vers, on les enlève avec précaution et de façon à ne pas les endommager ; puis, on les dispose sur une feuille de papier placée sur un cadre quelconque, et on les transporte dans le lieu qu'on leur destine, où la température doit être de 18 à 19 degrés environ.

On aura soin de ne pas mettre les rameaux trop près les uns des autres, afin que les vers ne soient pas amoncelés : il est bien préférable qu'ils se trouvent au large et qu'ils puissent ainsi s'étendre. Les espaces vides seront garnis quelques instants après avec de la feuille sauvage, coupée bien menue.

Aussitôt que cette première levée est terminée, on doit immédiatement placer sur le tulle de nouveaux rameaux que l'on enlève comme nous venons de l'indiquer.

Quelquefois il peut arriver qu'une troisième opération de ce genre devienne nécessaire : il ne faut pas la négliger, surtout lorsque l'on voit encore une certaine quantité de vers qui n'ont pas été ramassés. Les nouveaux rameaux seront déposés à côté des autres ; mais il faut avoir soin de ne pas les mettre trop près, car la feuille fraîche pourrait attirer les premiers levés : ils feraient ainsi un second repas, ce qui établirait une différence entre des vers destinés à marcher ensemble.

Il est bien entendu qu'avant de donner de la nouvelle feuille, autre que celle attachée aux rameaux, il faut attendre que les vers éclos le même jour soient tous enlevés et placés sur le même cadre. On peut alors sans crainte leur distribuer de la feuille coupée bien menue, et choisir toujours de préférence des mûriers sauvageons, s'il y a possibilité de s'en procurer.

Le lendemain, on recommence l'opération à l'égard des vers nouvellement éclos, en ayant bien soin cependant de ne pas les mélanger avec ceux de la veille.

Il en sera de même pour les jours suivants, jusqu'à ce que l'éclosion soit entièrement terminée.

Il est très-important de donner un numéro aux vers éclos pendant ces différentes journées, dans le cas surtout où l'on aurait fait usage de diverses qualités de graines.

On pourrait, par exemple, agir de la manière suivante :

PROVENANCE :

Brousse. N° 1. — Première levée le 2 mai.
Italie.　 N° 2. — Première levée le 2 mai.
Tyrol.　 N° 3. — Première levée le 2 mai.
　　　　 N° 1. — Deuxième levée le 3 mai.
　　　　 N° 2. — Deuxième levée le 3 mai.

Pour ne pas commettre d'erreur, il suffit d'inscrire sur une étiquette en bois ou en zinc un numéro correspondant à l'inscription ci-desus et de la placer tout près des vers auxquels elle peut s'appliquer.

On doit prendre les plus grandes précautions pour que les différentes levées ne se mélangent pas ; car cette négligence ne pourrait être que pernicieuse.

Ce n'est pas sans raison que nous conseillons aux éducateurs de placer sur des cadres distincts les levées de chaque jour, comme cela se pratique d'ailleurs assez généralement ; nous croyons même qu'il y a avantage à maintenir cette différence d'âge pendant tout le cours de l'éducation, au lieu de chercher à rendre tous les vers de la chambrée *égaux*, comme on le dit dans nos pays, afin qu'ils poursuivent ensemble les différents âges, et qu'ils arrivent tous en même temps à la bruyère.

Cette prescription peut être fort utile à celui qui dirige une chambrée contenant 5 ou 6 onces.

Supposons que les mues se produisent à un ou deux jours d'intervalle, le travail ne devient-il pas alors plus facile et moins compliqué ? Il est bien évident qu'il faudra une moins grande quantité de monde en même temps pour soigner les vers. Nous avons plusieurs fois fait cette remarque, nous avons mis en pratique ce système, et toujours nous avons reconnu qu'il offrait des avantages sérieux.

En effet, il n'est pas nécessaire de s'occuper des vers au moment où ils accomplissent leur mue, au

moment où ils dorment, comme on le dit vulgairement dans nos pays ; cette situation se prolonge environ 36 à 40 heures. Or, si tous les vers marchent
tout-à-fait ensemble, les ouvriers ont un travail forcé
à certaines époques, puis ils se trouvent tout-à-coup
sans aucune occupation.

Il n'en est point ainsi lorsqu'il existe quelque distance entre les divers âges ; les ouvriers sont alors
astreints à un travail régulier de chaque jour ; pendant que les uns dorment, on délite les autres ; les
soins sont plus minutieux, parce que le travail est
moins pressant ; dans le cas contraire, on se trouve
dans la nécessité de négliger quelques tables ; on les
délite moins souvent, on leur donne avec moins de
précautions, ou bien l'éducateur est obligé d'avoir à
son service une plus grande quantité de monde, et
les dépenses sont plus considérables, parce que le
travail est mal divisé.

Il est vrai que cette manière de procéder pourrait
peut-être offrir quelques inconvénients à l'époque où
les vers sont prêts à monter à la bruyère, surtout
pour les éducateurs qui ne possèdent qu'une seule
magnanerie, sans aucune séparation.

Lorsqu'une partie des vers se trouve déjà à la
bruyère, il convient de ne pas tarder à y placer
aussi les autres, car ces derniers seraient incommo-

dés par l'odeur et l'humidité que l'on rencontre toujours à ce moment dans les chambrées.

Il est prudent alors d'égaliser les vers à l'époque de la quatrième mue, ce qui est facile, de telle sorte que l'on n'ait plus que deux catégories, dont l'une devance l'autre d'un jour seulement.

Cet inconvénient n'existe en aucune façon pour les propriétaires qui ont à leur disposition des magnaneries à divers compartiments. Ce système, que nous venons d'indiquer, est alors très-favorable, très-avantageux, et les éducateurs feront preuve d'intelligence et de sagesse en faisant éclore leur graine à des époques différentes, afin qu'ils puissent en quelque sorte diviser une grande éducation en plusieurs petites.

Lorsque la graine se trouve dans de bonnes conditions, l'éclosion doit s'accomplir totalement en deux ou trois jours au plus; en général, les vers éclos pendant les deux premières journées sont les meilleurs; rarement ceux que l'on recueille après, c'est-à-dire le troisième ou le quatrième jour, peuvent parcourir convenablement les diverses phases de leur existence.

La plupart des propriétaires ne veulent pas se décider à agir de la sorte; ils croient que les vers éclos le troisième et le quatrième jour, et même après, peuvent donner des résultats aussi satisfaisants que ceux éclos pendant les deux premières journées, et qu'en les laissant de côté ils s'exposent à perdre une partie de leur récolte.

C'est là généralement une grande erreur ; car la mise en pratique de cette précaution est le point de départ d'une éducation convenable.

Nous avons encore fait à ce sujet de nombreuses expériences, et nous ne sommes pas seul à penser que la plupart des vers recueillis tardivement sont maladifs pendant le cours de leur existence, et fournissent en conséquence des cocons de très-mauvaise qualité, dans le cas où ils peuvent arriver à la fin de leur carrière.

Il est certain, pour l'homme qui s'est livré à des observations sérieuses, que presque tous les vers malades dans une chambrée proviennent des dernières éclosions. On peut dire avec vérité que, lorsque les vers éclos pendant les deux premières journées fournissent une mortalité de dix pour cent, ceux éclos les derniers jours donneront une perte de quarante à cinquante pour cent, et quelquefois même davantage ; toujours d'ailleurs, ou presque toujours, les cocons produits par ces vers sont d'une qualité inférieure.

Du reste, il en est des vers comme de tous les autres animaux. Ne voyons-nous pas en général, dans la nature, que les derniers nés sont presque toujours moins robustes et moins forts que les premiers? C'est là d'ailleurs un fait facile à comprendre : il suffit de réfléchir et de suivre avec attention l'organisation des êtres ; mais il n'entre pas dans notre sujet de faire de la science et de l'histoire naturelle.

Nous conseillons donc vivement aux éducateurs de laisser de côté les vers éclos après le deuxième ou le troisième jour au plus.

Pour compenser la perte de ceux que l'on néglige, il suffit de mettre à l'éclosion une certaine quantité de graines en plus, et dans les proportions d'un sixième environ.

Si l'on veut, par exemple, faire une éducation de cinq onces, il sera convenable d'en mettre six à l'incubation.

Il ne faut pas croire que ce soit là un cas de folle dépense ; au contraire, le surplus d'une once de graines pourra bien coûter 7 à 8 fr., et même 15 fr., mais ce supplément de frais sera largement compensé, non-seulement par l'économie de la feuille que mangeraient des vers improductifs, mais encore par la réussite bien plus certaine d'une éducation au milieu de laquelle des vers débiles et malades pourraient occasionner de très-grands désastres.

IV.

Pourquoi il faut se servir d'un tulle, de préférence à tout autre système.

Nous avons dit, dans ce chapitre, qu'il fallait placer un tulle sur la graine avant l'éclosion ; nous croyons utile de donner les motifs pour lesquels nous avons indiqué cette prescription.

L'agitation de l'air, à la suite d'un courant trop vif ou d'un accident quelconque, pourrait emporter la graine, qui serait retenue par le tulle. D'un autre côté, et c'est là le point important, lorsque l'éclosion arrive, le jeune ver trouve dans le tulle, pour sortir de la coque, un point d'appui et de résistance semblable à celui qu'il aurait eu dans le cas où les œufs n'auraient pas été détachés du linge sur lequel ils ont été pondus.

Les mailles du tulle produisent encore un heureux effet lorsque les petits vers le traversent pour monter sur les rameaux de feuille ; s'il n'existait en ce moment aucun obstacle, ou que l'on se servît d'un papier troué, comme le font la plupart des éducateurs, ces petits insectes entraîneraient avec eux de la graine non éclose, qui serait aussi transportée avec eux sur les tables ; l'éclosion de ces graines se fait alors quelques jours après seulement, ce qui donne des vers inégaux, dont on ne s'explique souvent pas l'existence.

Cet inconvénient se produit très-rarement si l'on se sert d'un tulle dont les mailles sont étroites, et, par conséquent, à travers lesquelles la graine ne peut pas passer ou ne passe que très-difficilement.

Il est important de surveiller avec le plus grand soin l'état dans lequel se trouve le tulle posé sur la graine.

A la suite de deux ou trois jours d'éclosion, le tulle est tellement couvert par la bave des vers naissants, que ceux qui ne sont point encore éclos éprouvent le plus grand embarras pour passer à travers les mailles. La couche de cette bave est si peu apparente, qu'il faut regarder de très-près et au grand jour pour la reconnaître.

Dans ce cas, il est nécessaire, d'enlever le tulle, de le laver, de bien le faire sécher, et de le replacer comme auparavant. Cette opération peut se faire en quelques instants, après l'éclosion du matin.

V.

Pourquoi la différence de température ?

Nous avons aussi prescrit des différences de température entre le jour et la nuit. Au premier abord, ce système peut paraître extraordinaire aux éducateurs ; cependant, il trouve sa raison d'être dans l'imitation de la nature et dans les nombreuses expériences que nous avons faites à ce sujet.

Ne voyons-nous pas, en effet, dans les parties de la Chine où les vers vivent à l'état naturel la température atteindre, pendant le jour, 20, 30 et même 40 degrés, et retomber ensuite, pendant la nuit, à 12 ou 15 ?

Ces faits ne se produisent-ils pas également dans nos pays ? N'est-ce pas là un enseignement de la nature qui nous démontre avec évidence que la température ne peut et ne doit pas être sans cesse uniforme ?

Les animaux les plus robustes seraient considérablement fatigués par une chaleur continuelle s'ils ne pouvaient se reposer pendant la fraîcheur de la nuit. L'homme lui-même ne résisterait pas à une température uniforme, fût-elle même tempérée, et la vie de serre amènerait, sans aucun doute, dans son organisation, de bien fâcheux résultats. Le créateur a d'ailleurs tout fait pour le mieux, et s'il a créé la chaleur bienfaisante du soleil, il a voulu aussi la tempérer par la fraîcheur de la nuit.

D'après ces principes, on peut facilement comprendre que la graine, placée dans un lieu où l'on obtient une chaleur artificielle, a besoin de certains moments de fraîcheur, puisqu'elle est privée des avantages que procurent les heureuses influences de la nature : les rosées lui seraient même favorables, et nous avons la certitude qu'elles faciliteraient le travail de l'éclosion.

Notre système est entièrement basé sur les lois de la nature, et, par conséquent, il doit s'en rapprocher le plus possible.

Voilà pourquoi nous conseillons aux éducateurs de faire éclore les vers à soie dans un local situé au soleil levant ; voilà pourquoi nous croyons nécessaire de faire pénétrer le plus possible à l'intérieur l'air pur et vivifiant de l'extérieur.

Le soleil, cet astre bienfaisant, exerce, sans aucun doute, une très-grande influence sur le double règne animal et végétal, et, par conséquent, il doit bien aussi avoir quelque action sur la vie et la constitution du ver à soie. Nous trouverons la preuve de cette vérité dans les faits suivants.

Ne sommes-nous pas en effet obligés de reconnaître que toutes les phases importantes de la vie de cet insecte ont des rapports incontestables avec l'apparition ou la disparition du soleil? L'éclosion n'a-t-elle pas lieu généralement après le soleil levant? Les différentes mues n'ont-elles pas lieu de préférence au soleil levant ou au soleil couchant? La montée des vers à la bruyère ne se fait-elle pas toujours au soleil levant ou au soleil couchant? Les papillons ne sortent-il pas des cocons dans les mêmes circonstances? Et puisque cette influence du soleil est favorable aux vers pendant toute leur existence, n'est-il pas rationnel que la graine en profite aussi?

D'après ce que nous venons d'expliquer, il n'est pas étonnant que l'on ait à constater, chaque année, un grand nombre de non-réussites qui tiennent à l'état affaibli et dégénéré de l'espèce.

Il faut en convenir, il y a bien assez longtemps que l'on travaille à la ruine de la sériciculture, tout en ayant l'air de vouloir l'améliorer par des procédés compliqués, s'éloignant toujours de plus en plus des règles tracées par la nature.

Pour combattre notre assertion, malheureusement trop vraie, on nous opposera probablement les motifs suivants qui sont le résultat d'un fâcheux préjugé : Autrefois, nous dira-t-on, on ne prenait pas autant de précautions pour les vers, on les faisait éclore à la chaleur du corps humain, dans les lits, etc., et pourtant ils réussissaient très-bien.

Ces raisonneurs peu judicieux ne réfléchissent pas qu'autrefois n'est point à présent, et que c'est précisément ce qui se faisait autrefois qui est cause de ce que nous souffrons aujourd'hui, et qu'avec l'état de dégénérescence et de faiblesse, dans lequel est tombée l'espèce, on ne peut plus agir comme on l'a fait, sans s'exposer à de grands malheurs.

Il faut reconnaître en principe que l'on arrive beaucoup plus facilement à dégénérer qu'à reconstruire, à régénérer les espèces.

VI.

Appareil à éclosion.

Jusqu'à ce jour les éducateurs se sont servis de certains appareils à éclosion offrant deux inconvénients graves.

D'abord, ces appareils se vendent à des prix beaucoup trop élevés et ne sont pas, en conséquence, à la portée des petites bourses.

D'un autre côté, ils tiennent presque toujours la graine en serre chaude : l'air ne circule pas suffisamment autour d'elle, et la température est sans cesse uniforme.

Nous avons construit un nouvel appareil à éclosion, fruit de nos constantes recherches : nos travaux ont pour but tout ce qui peut améliorer et modifier l'état de la sériciculture.

Cet appareil, simple et peu coûteux, facilitera, sans aucun doute, l'importante opération de l'incubation. Sans être exposé à des dangers que présentent les procédés vicieux actuellement adoptés, l'éducateur obtiendra toujours les éclosions dans de bonnes conditions.

Les procédés pratiqués à ce sujet par les petits éducateurs sont vraiment déplorables. Les femmes sont ordinairement chargées de ce travail.

Les éclosions se font souvent à l'aide d'eau bouillante placée dans un vase clos, tel que cruche, bouteille, etc. Le degré de chaleur que supporte la graine pendant les premiers instants dépasse quelquefois 30 degrés.

D'autres font cette opération auprès d'un feu ou d'un poêle : la distance à laquelle la graine est placée se trouve par moment si rapprochée du foyer, que la chaleur qui lui arrive ne pourrait souvent pas être supportée par la main pendant dix minutes. Il en résulte nécessairement que le germe de l'œuf est cuit, et la femme alors de dire : Mes œufs n'éclosent pas convenablement, la couleur des vers n'est pas naturelle, ils sont rouges ; ou bien encore : La graine est mauvaise, j'ai été trompée, l'éclosion ne se fait pas.

Voilà les conversations que nous avons entendues bien souvent : on cherche dans ce cas à attribuer aux autres les résultats d'une faute que l'on a commise soi-même par ignorance ou bien parce que l'on n'a pas pris toutes les précautions nécessaires.

VII.

Éducations qui ne sont pas en rapport avec la grandeur des magnaneries

Avant d'entrer en matière et de nous occuper de l'éducation générale des vers à soie, nous devons faire aux sériciculteurs une recommandation essentielle, à laquelle ils doivent attacher la plus grande importance.

En général, les petits éducateurs ont la funeste habitude de vouloir élever plus de vers que ne le comportent les appartements dont ils disposent. Ainsi, un propriétaire possède une magnanerie qui peut contenir les vers provenant de quatre à cinq onces ; croit-on qu'il ait assez de sagesse, assez de prudence pour ne pas aller au-delà ? Certainement non.

Par amour-propre ou par fanfaronnade, il ne craint pas de placer dans sa magnanerie de cinq onces une quantité double de vers, avec l'espérance, et nous pouvons même dire la certitude, que le résultat pourra faire croire à une bonne réussite, malgré les pertes considérables qu'il éprouvera pendant le cours de l'éducation.

En agissant ainsi, les éducateurs font exactement le contraire de ce qui convient pour arriver à un résultat satisfaisant. Pour marcher avec sagesse et obtenir une belle réussite, il serait plus rationnel de mettre à l'éclosion une quantité double de graines, et de s'attacher alors seulement à la fleur des vers, c'est-à-dire de ne prendre que les deux premières levées ; dans ce cas, à chaque mue on laisse de côté les traînards, de façon à ce qu'il ne reste, à peu près, que cinq onces vers la fin.

Si l'on veut tout conserver, on perd tout infaillible-

ment, car la trop grande quantité de vers amène
l'entassement, l'agglomération avec toutes les conséquences les plus funestes et les plus désastreuses.

Nous ne saurions donc trop vivement engager les
éducateurs à renoncer à ce système tout-à-fait
ruineux.

Il est prudent, au contraire, de restreindre son
éducation. Ceux qui possèdent une magnanerie de
six onces, feront bien, tout en mettant six onces à
l'éclosion, d'épurer et de ne conserver qu'une
quantité équivalente à une éducation de cinq onces.

En agissant ainsi, les éducateurs dépenseront
moins et obtiendront plus, et même, bien souvent,
avec les vers de cinq onces, provenant de six onces
épurées, ils obtiendront une récolte plus abondante
que celui qui aura voulu placer huit onces dans un
local propre à n'en contenir que six.

Il y a peu d'exceptions à cette règle générale.
Nous pouvons affirmer qu'avec de petites éducations
de une à cinq onces, nous avons presque toujours
obtenu, en moyenne, une plus grande quantité de
cocons que ceux conduisant des éducations de deux
à dix onces.

D'un autre côté, on doit comprendre que l'économie de la feuille et de la main-d'œuvre est aussi beaucoup moins considérable. On peut hardiment conclure qu'avec une dépense de cinquante pour cent en moins, on obtiendra un produit de cinquante pour cent en plus.

Nous espérons, en conséquence, que les éducateurs voudront bien suivre le conseil que nous leur donnons, car il sera favorable à leurs intérêts et contribuera, sans aucun doute, à la prospérité de la sériciculture.

CHAPITRE VI.

PREMIER AGE ET PREMIÈRE MUE.

Nous arrivons maintenant à la question importante : nous voulons parler des soins nécessaires aux vers à soie pendant le cours de leur existence. Il ne suffit pas de bien conserver la graine, de la faire éclore avec précaution, il faut encore conduire convenablement les éducations pendant les différents âges. Nous allons donc tracer quelques règles dont on n'aurait jamais dû s'écarter, et nous conseillons aux éducateurs de les suivre scrupuleusement.

I.

Repas.

Le jour de l'éclosion, les vers feront trois repas. Les rameaux à l'aide desquels ils ont été transportés sur des tables comptent pour le premier ; le second doit avoir lieu de midi à une heure, et le troisième quelques instants avant la nuit.

Le second jour et les jours suivants, les repas seront élevés au nombre de quatre que l'on tâchera de répartir à intervalles à peu près égaux, mais toujours de façon à ce que le premier ait lieu au moment où le soleil se lève, ou quelques instants après, et le dernier au soleil couchant.

Il est convenable, autant que possible, de composer ces repas avec de la feuille de mûrier sauvage coupée très-menue et distribuée par couches légères.

II.

Les vers doivent être clair-semés.

Il est surtout important de tenir les vers beaucoup plus clair-semés qu'on ne le fait ordinairement, car cette précaution exerce une grande influence sur tout l'avenir de l'éducation.

L'espace occupé par ces insectes doit être suffisant pour qu'ils puissent se trouver à côté les uns des autres et non les uns sur les autres. Pour arriver à ce résultat, il convient de disposer, avant chaque repas, plusieurs rameaux sur les vers, de les enlever lorsqu'ils sont sont garnis, et de les déposer à quelque distance des autres ; on donne ensuite la feuille coupée menue et répandue régulièrement par couche légère sur tous les vers, et même sur les parties vides, afin qu'ils puissent s'étendre partout et former ainsi un lit continu.

Nous le répétons encore et nous ne saurions trop le dire : au fur et à mesure que les vers croissent, il faut toujours avoir soin de les éclaicir avant le repas et d'aggrandir l'espace qu'ils occupent au moyen de rameaux, de telle façon que si quelques vers se trouvent les uns sur les autres, on ne puisse attribuer cet inconvénient au défaut d'emplacement.

III.

Température.

Plusieurs thermomètres seront placés au centre

de la magnanerie ou dans les parties les plus convenables, afin que l'on puisse bien apprécier la température moyenne et la régler à son gré.

Il serait aussi convenable d'avoir un hygromètre à sa disposition, afin de pouvoir constater le degré d'humidité.

Le lendemain de l'éclosion et les jours suivants, la température sera portée à 17 ou 18 degrés pendant le jour, et à 14 ou 16 degrés pendant la nuit. Il faut éviter autant que possible les brusques transitions et tâcher d'obtenir cette différence de chaleur du jour à la nuit en diminuant progressivement l'intensité du feu ou du poêle. Il suffit, pour cela, d'augmenter ou de diminuer le feu par degré, suivant que l'on désire plus ou moins de chaleur.

On aura soin de tenir constamment sur le poêle un vase rempli d'eau, afin que la vapeur atténue cette chaleur sèche qui pourrait être nuisible à ces jeunes animaux.

IV.

Renouvellement de l'air.

Chaque jour, et le plus souvent possible, l'air de la magnanerie doit être renouvelé en ouvrant les portes, les fenêtres et les soupiraux. On choisira à cet effet l'ouverture la plus propre à procurer l'air le moins froid, c'est-à-dire, le matin, celle du levant; le soir, celle du couchant, ou toute autre, suivant la construction et la disposition du local.

Il ne faut donc pas craindre, comme on le fait ordinairement, de laisser entrer par les fenêtres un air pur et doux, de préférence à cet air vif provenant d'une ouverture qui donne dans un corridor ou dans un autre lieu froid. Il est convenable enfin d'introduire dans la magnanerie l'air le plus chaud, le plus pur, et de choisir pour cela l'ouverture qui remplit le mieux ce but.

Lorsque la température extérieure le permet, il ne faut pas craindre de laisser les soupiraux ouverts pendant la nuit et donner, en ce cas, la préférence à ceux qui sont les plus éloignés des vers, pour qu'ils ne reçoivent pas l'air trop directement.

V.

Délitement.

Si les éducateurs ont la précaution de couper la feuille bien menue, comme des herbes hachées, et de la distribuer avec économie et régularité, la litière des vers, pendant le premier âge, ne formera qu'une couche peu épaisse ; cette litière ne peut être nuisible aux vers, car elle doit ainsi être sèche et sans mauvaise odeur. Il n'est donc pas nécessaire de l'enlever, et les vers peuvent de la sorte parcourir leur première mue.

Il est même prudent de ne pas trop se presser pour opérer le délitement, à cause de la faiblesse des vers pendant ce premier âge. Cependant, on ne pourrait se dispenser de faire cette opération dans le cas où la litière serait abondante, humide et répandrait par suite une mauvaise odeur.

VI.

Sommeil. — Symptômes auxquels on le reconnaît.

A la température de 17 à 18 degrés le jour, et de 14 à 16 la nuit, comme nous l'avons indiqué, les vers commencent ordinairement leur sommeil le quatrième ou le cinquième jour. Cette transformation se reconnaît à divers symptômes. L'appétit des vers diminue, leur tête devient grosse, tout leur corps prend une couleur jaunâtre, livide, et paraît transparent. Dans ce moment il faut avoir le plus grand soin de ne pas leur donner mal à propos trop de nourriture.

Lorsque les vers ont été tenus convenablement épais et qu'ils ont été bien soignés, le sommeil a lieu avec beaucoup d'ensemble et se produit ordinairement dans l'intervalle d'un repas à un autre : il est urgent alors de cesser complétement la distribution de la feuille, sans s'inquiéter du petit nombre de vers qui sont encore éveillés, et qui finissent par faire comme les autres, sans qu'on leur donne à manger de nouveau. Il reste d'ailleurs toujours quelques débris de feuilles bien suffisants pour les empêcher de souffrir.

La température sera maintenue au même degré qu'à l'ordinaire, pendant cette première mue, qui durera environ trente heures : on aura soin de renouveler l'air de la même façon, en prenant cependant quelques précautions de plus pour éviter des courants trop violents et trop froids.

Lorsque les vers commencent leur sommeil en même temps, ils s'éveillent aussi en même temps. Dans cette situation, il convient d'attendre, pour leur donner à manger, que la mue soit totalement terminée, et qu'ils soient entièrement débarrassés de leur vieille dépouille ; il vaut beaucoup mieux donner le repas dix heures plus tard qu'une heure trop tôt.

Il se présente cependant un cas où il serait utile d'accélérer le premier repas. Il arrive parfois que l'éducateur laisse les vers beaucoup trop épais et trop gênés pour que le réveil général ait lieu dans de bonnes conditions ; il est alors nécessaire de donner des rameaux de feuille, de faire ainsi une levée des premiers éveillés, afin que les autres aient une place convenable.

Nous ne saurions trop recommander que l'on prenne beaucoup de précautions pour que cet accident n'ait pas lieu. Il n'est pas difficile d'obtenir ce résultat, car il suffit d'espacer les vers plus que dans toute autre circonstance, la veille du jour où la mue commence ; car on doit comprendre que, pendant cette transformation, ils grosssissent sensiblement, et qu'ils ont alors besoin d'un grand emplacement.

A cet âge, comme dans tout le cours de l'éducation, il est tout à fait inutile de priver les vers à soie du grand jour. Cette habitude devient souvent fort incommode, et n'est basée sur aucune raison sérieuse.

CHAPITRE VII.

MOTIFS POUR LESQUELS IL FAUT AGIR COMME IL A ÉTÉ DIT DANS LE CHAPITRE PRÉCÉDENT.

I.

Repas.

Nous avons dit, dans le chapitre précédent, qu'il faut servir trois repas aux vers à soie le jour de l'éclosion. Sans aucun doute, ce nombre est bien suffisant ; car, au moment de leur naissance, ces animaux sont peu disposés à manger ; ils ont principalement besoin d'un air pur pour prendre de la vigueur. D'ailleurs, pour installer les vers et bien les soigner, il est convenable de ne pas trop multiplier les repas ; on pourrait même n'en donner que deux, sans inconvénient.

Contrairement à ce que prétendent généralement les auteurs, nous soutenons qu'il n'y a aucun danger à faire attendre aux vers leurs premiers repas, et qu'il n'est pas nécessaire de leur en servir plusieurs à des intervalles rapprochés.

Il suffit pour cela d'observer ce qui se passe dans la nature. A l'état sauvage, la chenille, le ver à soie n'ont pas immédiatement à leur disposition, après la naissance, la feuille dont ils se nourrissent; ces insectes commencent d'abord par vivre d'air; ils prennent ainsi de la force, de la vigueur; puis après ils quittent leur nid pour chercher leur nourriture, ce qui arrive dans le courant de la journée ou quelquefois même seulement le lendemain.

Le défaut de nourriture immédiate est loin d'être aussi dangereux pour les jeunes vers, au moment de l'éclosion, qu'un milieu dans lequel l'air n'est pas suffisamment renouvelé; car alors, par le fait du chauffage et de la haute température, ils ne trouvent à respirer qu'un air sec et délétère.

Le lendemain de l'éclosion et les jours suivants, nous portons à quatre le nombre des repas.

Si nous prenions pour base les faits qui se produisent habituellement dans la nature, nous serions encore plus dans le vrai en ne prescrivant que deux données par jour.

En effet, toutes les espèces de chenilles que l'on rencontre dans les champs, sur les arbres, dans les forêts, ont une très-grande ressemblance avec les vers à soie, et cependant elles ne font ordinairement que deux repas par jour : le premier, le matin au lever du soleil ; et le second, le soir au soleil couchant. A ce moment, ces insectes quittent leur nid, se répandent sur les branches de l'arbre pour chercher leur pâture, puis ils retournent dans leur gîte, d'où ils ne sortent plus jusqu'au repas du soir.

Il est à remarquer que, dans les jours de pluie, de froid et de mauvais temps, les chenilles restent quelquefois plusieurs jours sans quitter leur nid et par conséquent sans prendre aucune nourriture. Cette observation trouvera son application dans le cours de cet ouvrage.

Si nous donnons aux vers à soie plus de deux repas par jour, c'est qu'à l'état domestique ils ne se trouvent pas dans les mêmes conditions qu'à l'état naturel. D'un côté, la feuille détachée de l'arbre et soumise à la température élevée de la magnanerie, sèche rapidement ; de l'autre, il est nécessaire d'augmenter le nombre des repas pour que tous les vers puissent manger convenablement et selon leurs besoins. De cette façon, ceux qui n'ont pas profité d'une première donnée se rattrapent à la suivante, et tous ainsi poursuivent leur existence avec ensemble.

Les éducateurs se créent des embarras nombreux pour donner à manger à leurs vers pendant la nuit ; nous ne sommes pas de cet avis et nous pensons que les repas doivent être servis seulement pendant le jour. Il y a tout avantage à agir de la sorte ; c'est là, d'ailleurs, le seul procédé rationnel, comme nous allons le voir.

Sur quoi se fonde-t-on pour prendre la mauvaise habitude de donner à manger aux vers pendant la nuit? Ce n'est certes pas sur les seuls et vrais principes basés sur les lois naturelles.

En se livrant à des observations sérieuses, on reconnaît bien vite que les chenilles, les vers à soie et tous les insectes de la même espèce ne mangent ordinairement jamais pendant la nuit. Pourquoi donc alors inventer un travail fatiguant, incommode, inutile et même nuisible ?

On nous dira peut-être qu'en employant le système des repas nombreux on gagne du temps, et que l'on accélère les éducations : c'est là un prétexte futile que nous ne pouvons admettre, car nous sommes en mesure d'établir, par les expériences nombreuses auxquelles nous nous sommes livré, que les éducations ne vont pas plus rapidement, et que l'on perd ainsi une grande quantité de feuille que l'on pourrait employer plus utilement.

En donnant seulement trois repas par jour, nous avons souvent conduit en trente jours, et même en moins de temps, les vers à soie à la bruyère ; nous pouvons encore ajouter que les produits ont été très-satisfaisants.

A la température de 18 à 20 degrés pendant le jour, et de 14 à 16 pendant la nuit, en ne donnant que trois repas par jour à partir de la troisième mue, nous avons terminé en vingt-sept jours une éducation, et nous avons obtenu une réussite complète sous tous les rapports.

Il ne s'agit pas d'ailleurs ici d'un système compliqué et difficile à expérimenter. Que les éducateurs se livrent donc à quelques essais à ce sujet, et ils se convaincront que nous sommes entièrement dans le vrai.

II.

Feuille de mûriers sauvages.

La feuille des mûriers sauvages est sans contredit la meilleure et la plus salutaire pour les vers, non-seulement au premier âge, mais pendant tout le cours de l'éducation. Il serait difficile, il est vrai, d'avoir à sa disposition une quantité suffisante de ces feuilles ; il faut alors nécessairement se borner à les nourrir ainsi au moins jusqu'au troisième âge, et plus longtemps s'il est possible.

Nous ferons d'ailleurs connaître, dans le cours de cet ouvrage, un moyen fort simple pour obtenir cette précieuse feuille en abondance et à peu de frais.

III.

Les vers ne doivent pas être épais sur les tables.

Comme nous l'avons déjà dit, il est de la plus grande importance de tenir les vers à soie clair-semés sur les tables. Il faut avoir bien soin de les dédoubler toutes les fois que le besoin s'en fait sentir. De cette

précaution essentiellement utile dépend, en quelque
sorte, le salut de l'éducation; car alors les vers
foisonnent chaque jour d'une façon surprenante et
croissent tous également. On ne voit plus ces vers
petits et chétifs, et les cas de mort sont beaucoup
moins nombreux que lorsqu'ils sont épais et par
conséquent mal tenus.

Beaucoup d'éducateurs nous diront : « Mais nous
avons réussi sans prendre toutes ces précautions. »

Nous répondrons à ce langage, opposé à tout progrès : L'exception ne fait pas la règle générale, et
probablement les résultats obtenus auraient été
encore plus satisfaisants si ces éducateurs avaient
procédé d'une manière plus judicieuse; car, enfin,
marcher sans règle, sans méthode rationnelle, c'est
jouer un jeu de hasard.

Un individu tombe d'une hauteur de vingt
mètres sans se faire aucun mal, faut-il en conclure
qu'il doit de nouveau se jeter par la fenêtre, avec
la certitude qu'il en sera de même une seconde fois?

Si l'on ne prend pas au premier âge les précautions que nous venons d'indiquer, on s'expose à
perdre une très-grande quantité de vers sans que l'on
s'en aperçoive. Lorsque ces animaux sont agglo-
mérés et serrés les uns contre les autres, ils ne

peuvent plus respirer librement , ni manger en
même temps , lors même qu'on leur donnerait
beaucoup plus de feuille qu'il ne leur en faut ; car,
étant supportés les uns par les autres , ceux-là seuls
qui se trouvent en contact immédiat avec la feuille
ont la facilité de manger à leur convenance.

Il n'en est plus de même pour ceux qui sont au-
dessus , car alors, pour prendre leur nourriture , ils
sont dans la nécessité d'éloigner et d'écarter ceux
qui les portent , et par conséquent ils rencontrent de
sérieux obstacles qui les empêchent de manger selon
leur appétit ; d'un autre côté , l'instinct les pousse
à chercher plutôt au-dessus d'eux qu'au-dessous.

Il en résulte nécessairement alors que ces vers ne
vivent pas dans de bonnes conditions , que leur
tempérament s'affaiblit peu à peu et qu'il périssent
en partie ; car les plus forts et les plus robustes
savent toujours chercher et se procurer leur nourriture , de préférence à ceux qui se trouvent déjà
dans un état de maladie et de faiblesse.

Cette agglomération et cette gêne , combinées avec
la faim, contraignent quelquefois les vers à s'en-
fouir sous la feuille et même dans la litière ; le
défaut de vigueur les empêche de traverser leurs
semblables pour arriver à la feuille ; ils souffrent

alors et périssent souvent dans cette litière où l'on voit difficilement leurs cadavres, car ils sont tellement peu apparents, qu'il faut se servir d'un verre microscopique pour les découvrir.

Voilà pourquoi les éducateurs trouvent que leurs vers ne foisonnent pas ; voilà pourquoi les éducations deviennent mauvaises.

IV.

Feuille coupée.

La feuille coupée bien menue et distribuée par couches régulières favorise considérablement les éducations au premier âge, car les vers la mangent plus facilement. Il en faut d'ailleurs ainsi une moins grande quantité. La portion qui n'est pas entièrement mangée sèche plus vite, et il en résulte moins de litière, moins d'humidité, et par suite peu de fermentation.

Lorsque la feuille est coupée à demi, elle se raccornit en séchant, et peut froisser les vers ou les détruire, comme cela arrive quelquefois.

V.

Température.

Nous avons dit que le lendemain de l'éclosion la température doit être de 17 à 18 degrés pendant le jour, et de 14 à 16 pendant la nuit. Nous reconnaissons que le ver peut parfaitement vivre et réussir à une température plus basse ou plus élevée ; mais nous pensons que celle que nous prescrivons convient le mieux à cet âge, et que, dans cette condition, il est plus facile d'éviter les transitions trop brusques, presque toujours pernicieuses, ainsi que les accidents produits par la sécheresse de l'air, lorsque la magnanerie est chauffée à une plus haute température.

Dans le chapitre V, relatif aux éclosions, paragraphe IV, nous avons donné les raisons pour lesquelles il convient de n'avoir pas toujours une température uniforme, et de l'abaisser pendant la nuit à 14 ou 16 degrés.

Généralement, dans les premiers temps, on tient les vers à une température plus élevée que pendant les derniers âges ; c'est là une erreur fort grave dans laquelle il faut bien se garder de tomber, car les faits ne se passent point ainsi dans la nature.

En effet, la température qui, en Chine, amène la naissance des vers est certainement moins élevée que celle pendant laquelle ces insectes poursuivent leurs diverses transformations, car le soleil devient chaque jour plus chaud avec la saison ; par conséquent, la température doit être plus élevée au dernier âge et à la montée.

Nous avons la conviction que plus les vers sont avancés en âge, moins ils craignent la chaleur, et nous basons cette certitude sur les faits patents que nous venons d'indiquer. Il est impossible de s'arrêter à d'autres idées sans renverser l'ordre des choses, et sans détruire en partie l'harmonie de la nature.

Ce serait une grande erreur de croire que la forte chaleur, régnant à l'époque du dernier âge, peut amener cette mortalité que l'on rencontre parfois abondamment dans les chambrées. La cause de ces désastres provient évidemment de l'air impur, de l'air vicié des magnaneries, qui n'est que la conséquence de l'humidité, de la fermentation de la litière et des émanations délétères produites par la putréfaction des vers à l'état de cadavre.

Les *touffes*, le vent du midi sont, il est vrai, quelquefois funestes à cette époque. La trop grande chaleur ne nuit pas aux vers, mais bien la trop grande quantité d'électricité dont est chargée l'atmosphère, qui pénètre en abondance dans l'intérieur de la chambrée.

Il n'est pas bien rationnel, nous en convenons, d'élever la température à 20 degrés, à l'époque de l'éclosion ; mais c'est là une nécessité à laquelle on doit se soumettre, car il faut faire éclore le plus de vers en même temps, afin de les élever avec ensemble et de les conduire avec régularité.

Pour obtenir ce résultat, il est indispensable de forcer la nature ; mais aussitôt l'éclosion terminée, on doit ramener progressivement cette température à un degré moins élevé, qui soit tout-à-fait en rapport avec celle que nous voulons donner aux vers pendant le cours de l'éducation.

Nous avons cependant la conviction que les vers à soie peuvent parfaitement supporter une forte chaleur, sans que les chambrées courent aucun danger ; car, à l'état naturel, ils se trouvent dans certains moments à une température qui dépasse 30 degrés.

Nous nous sommes livré à quelques expériences, nous avons fait des éducations à une température arrivant à peu près à 30 degrés ; les vers ont accompli convenablement toutes les phases de leur existence ; mais nous avons pris des précautions pour éviter la sécheresse de l'air et tous les inconvénients produits par une trop grande chaleur. Nous avons ouvert les portes, les fenêtres, les soupiraux, afin que cet air chaud fût souvent renouvelé et conservât ainsi les principes nécessaires à la vitalité.

On peut d'ailleurs toujours acquérir la certitude des faits que nous avançons, en se livrant à quelques expériences et en opérant comme nous venons de l'indiquer.

Nous le disons encore et nous ne saurions trop le répéter : l'air pur, l'air vital est une nécessité pour les vers à soie ; c'est là, sans contredit, la plus grande garantie d'une réussite. La température plus ou moins élevée n'est qu'un accessoire propre à hâter ou à retarder l'éducation ; cependant, par sa nature, le ver à soie est destiné à vivre plutôt à la chaleur qu'au froid. Il ne faut jamais rien exagérer et se tenir le plus possible dans un milieu convenable.

Pour que l'air soit pur et vital, il est nécessaire que les gaz dont il se compose (l'hydrogène, l'oxigène et l'azote) s'y trouvent dans de justes proportions. Lorsque ces proportions n'existent pas, l'air n'est plus essentiellement vital, il prend alors un caractère entaché d'un vice, et, par conséquent, il peut porter atteinte à la santé et à l'organisation des êtres qui le respirent, et quelquefois même amener leur mort.

C'est là ce qui se produit pour les vers à soie lorsque l'on chauffe les magnaneries à une température trop élevée, sans que l'air puisse se renouveler suffisamment par une ouverture quelconque ; c'est là ce qui se produit aussi lorsque l'appartement contient trop d'humidité, ou bien lorsque l'air est corrompu par la fermentation de la litière et par des émanations pestilentielles.

Il est donc important de chercher à faire disparaître ces graves inconvénients et de suivre dans tous ses points notre système d'aération qui ne présente certes aucune difficulté dans son exécution.

———

V.

Marche uniforme des vers à soie.

Au moment où les vers à soie vont commencer leur premier sommeil, il faut surveiller avec le plus grand soin les repas qu'on leur donne, afin que les mues s'opèrent régulièrement et avec ensemble. A cet effet, il est d'une importance extrême de choisir le moment favorable pour servir le dernier repas et le premier après le sommeil.

Il ne faut pas négliger aussi, comme nous l'avons déjà dit, de tenir les vers clair-semés et surtout de les éclaircir la veille de leur assoupissement.

On doit éviter encore de trop recouvrir les vers de feuilles pendant cette période délicate, et cesser complétement les repas au moment convenable, lors même qu'il resterait sur les tables quelques vers encore disposés à manger.

Il ne faut pas d'ailleurs compromettre toute une éducation pour quelques vers isolés qui finiront aussi par s'endormir comme les autres.

CHAPITRE VIII.

DEUXIÈME AGE ET DEUXIÈME MUE.

—

I.

Nécessité d'éclaircir les vers.

Dès que l'on s'aperçoit que les vers sont entièrement réveillés, on leur donne un léger repas sur la vieille litière avec de la feuille coupée toujours bien menue.

Avant de procéder au deuxième repas, on doit étendre sur les vers les filets destinés à les changer, à les enlever et à les placer plus au large ; la feuille coupée est alors répandue le plus régulièrement possible sur ces filets, de façon à ce qu'il ne reste pas de vide.

Si l'on emploie les filets en papier percé, dont les éducateurs font aujourd'hui un usage presque général, car ils sont en vérité fort commodes, il faut avoir soin de les placer sur les vers avec précaution et faire de même en les enlevant pour les poser sur une nouvelle table. On pourrait, sans ces précautions, blesser et faire périr les vers qui ne se trouvent point encore assez hors des trous du papier. Que l'on ne perde pas de vue qu'à cet âge ces insectes sont bien délicats et qu'ils doivent alors être entourés de soins minutieux.

Les papiers-filets sur lesquels les vers sont transportés d'une table à l'autre doivent être placés en travers, au milieu et de façon à laisser entre les deux papiers un espace de huit à dix centimètres.

On comprend que cette précaution est nécessaire, afin que les vers puissent se trouver plus à l'aise et s'étendre sur toutes les parties de la table. A cet effet, il faut avoir bien soin de distribuer la feuille coupée sur toute la surface, et de garnir les places vides, car alors les vers se dirigent sur tous les points pour trouver leur nourriture.

On évitera cependant de jeter de la feuille sur les bords, afin que les vers se maintiennent le plus possible au milieu, et qu'ils n'occupent que la moitié de la largeur de la claie. On laisse ainsi une partie de la surface disponible, et à chaque nouveau repas, on jette la feuille un peu plus vers les bords, jusqu'à ce que les vers soient de nouveau trop épais ; on les éclaircit alors à l'aide de rameaux et on les transporte sur une table voisine.

II.

Température du deuxième âge.

Dans les magnaneries où l'aération est facile, on peut, au deuxième âge, élever la température jusqu'à 18 ou 19 degrés pendant le jour, en la maintenant pendant la nuit de 14 à 16 degrés ; mais il faut faire en sorte de passer graduellement d'une température à l'autre.

On aura toujours bien soin de renouveler l'air au moyen des fenètres ou des soupiraux, comme nous l'avons dit au chapitre précédent.

III.

Repas.

Pendant tout le temps que durera cet âge, les repas seront maintenus au nombre de quatre et auront lieu aux heures que nous avons déjà indiquées, c'est-à-dire le matin au lever du soleil, à dix heures, à quatre heures ; et le soir, après le coucher du soleil, un peu avant la nuit.

Cependant, il ne faut pas se créer trop de soucis au sujet de la régularité des repas ; lorsque l'on ne peut faire mieux, il n'y a pas grand inconvénient à retarder un repas d'une heure ou même davantage ; seulement il faut avoir soin de servir toujours d'abord les vers qui attendent depuis plus longtemps, parce qu'à la donnée précédente ils avaient reçu la feuille les premiers.

IV.

Délitement.

Nous considérons le délitement comme une opération très-essentielle ; aussi sommes-nous d'avis que les vers doivent être changés, comme on le dit vulgairement, au moins une fois ou deux pendant ce premier âge, selon que la feuille aura été coupée plus ou moins menue et distribuée régulièrement et avec économie.

L'épaisseur de la litière et son humidité sont

d'ailleurs toujours pour l'éducateur un indice certain auquel il doit reconnaître la nécessité d'opérer le délitement.

Dans tous les cas, il est surtout important de déliter les vers la veille du jour où ils se préparent à un nouveau sommeil.

Cette deuxième mue se produit ordinairement le cinquième jour : les symptômes de cette transformation se manifestent de la même manière qu'au premier âge, mais ils sont encore plus apparents.

Il faut, à ce moment, éclaircir les vers en toute hâte, leur servir un ou deux repas, et s'arrêter lors même que l'on trouverait encore quelques vers disposés à manger.

La durée de leur sommeil est d'environ trente heures.

—

V.

Propreté nécessaire aux vers et à la feuille.

La santé des vers à soie exige une très-grande propreté. Il faut donc, à tous les âges, avoir soin d'arroser et de balayer les magnaneries ; cette opéra-

tion doit surtout être pratiquée après chaque délitement.

Il est important aussi de tenir et de couper la
feuille proprement, et de ne pas la toucher avec les
mains sales.

CHAPITRE IX.

I.

Repas.

Nous avons dit que lorsque les vers étaient bien éveillés, il fallait leur donner un repas sur la litière avant de les changer. Nous avons prescrit cette mesure afin que les vers, ayant à peine terminé leur mue, ne soient pas aussitôt surchargés par les papiers et par les feuilles ; car ils se trouvent encore très-faibles à la suite de la transformation qu'ils viennent de subir.

Il est utile aussi de donner le temps aux derniers éveillés de prendre l'appétit et la vigueur nécessaires pour grimper rapidement sur les papiers troués, où les attire l'odeur de la feuille fraîche; de cette façon ils ne sont pas fatigués par un poids trop lourd.

Nous avons recommandé de servir d'abord un léger repas, car à ce moment les vers ont plutôt besoin d'air pur que de nourriture. En ne leur donnant d'ailleurs pas trop à manger, l'appétit les sert mieux, et les maintient dans un état de santé plus favorable.

Il est essentiel de distribuer régulièrement la feuille sur les papiers percés destinés à enlever et transporter les vers sur une autre table; car, lorsque ces papiers ne sont pas garnis partout uniformément et que les vers ne sentent pas la feuille au-dessus, sur tous les points, ils ne grimpent pas aussi bien, ou se placent par groupes serrés en se portant de préférence là où la nourriture est abondante.

—

II.

Papier-filet

Les papiers-filets sont très-commodes, surtout dans les petites magnaneries où l'on ne fait pas usage des filets ordinaires. Les papiers sont différents suivant l'âge des vers auxquels on les destine. Ainsi, pour le cinquième âge, c'est-à-dire après la quatrième mue, on se sert ordinairement d'un papier très-fort qui ne conviendrait nullement à l'âge dont nous nous occupons ; car il pourrait meurtrir ces insectes toujours très-tendres lorsqu'ils ne sont pas encore d'une certaine grosseur. En tout temps, d'ailleurs, il faut toujours se servir de ces filets en papier avec beaucoup de précaution.

III.

Température.

Nous avons dit qu'à cet âge les vers doivent être tenus à une température de 18 à 19 degrés le jour, et de 14 à 16 la nuit.

Les vers à soie ne craignent pas une température élevée, au contraire ; mais la chaleur leur est plus avantageuse et plus profitable lorsque l'air qui les entoure est pur et par conséquent plus vital.

Il convient donc, autant que les circonstances le permettent, de maintenir ces insectes, au fur et à mesure qu'ils avancent en âge, à une température élevée graduellement et en rapport avec celle de l'extérieur.

Il est surtout important que la température ne soit pas trop uniforme et qu'elle se trouve dans les conditions que nous avons fait connaître.

On comprend très-bien que le degré de chaleur doit marcher avec les vers, et qu'il doit être plus élevé dans les derniers âges que dans les premiers. Ce système est tout-à-fait rationnel.

Il suffit de consulter ce qui se passe dans la nature à ce sujet. Évidemment la chaleur est plus forte au mois de juin, époque à laquelle se terminent les éducations, qu'au mois de mai, époque à laquelle elles commencent. Peut-on, dans cette circonstance, suivre un meilleur maître que la nature?

Du reste, en élevant la température à mesure que les vers avancent dans leur carrière, on les habitue peu à peu à la grande chaleur, à laquelle il est bien difficile de les soustraire vers le quatrième et le cinquième âge.

IV.

Renouvellement de l'air.

Le renouvellement de l'air doit se produire plus souvent, au fur et à mesure que les vers grossissent et mangent une plus grande quantité de feuilles. La litière devient alors plus abondante; il y a commencement d'agglomération, et, par suite, les dangers provenant de l'humidité, de la fermentation et des émanations de tous genres, deviennent plus nombreux; il faut donc les détruire par une aération plus complète.

V.

Délitement.

Lorsque la feuille a été coupée et distribuée convenablement, il n'est pas nécessaire, au deuxième âge, de déliter avant la veille du jour où les vers vont dormir de nouveau; car la litière ne doit alors contenir ni humidité, ni odeur pernicieuse.

Cependant, dans le cas où les précautions pres-
crites ont été négligées, la litière peut être plus considérable; il est alors indispensable d'opérer le déli-

tement deux fois avant la mue. Sans cela, on serait
exposé à des dangers sérieux : car, lors même que
les vers paraissent robustes et vigoureux, il pourrait
en résulter plus tard de nombreux cas de maladie,
sans que l'on sût à quelles causes les attribuer.

VI.

Les vers doivent être tenus clair-semés.

Nous avons dit que, lorsque les vers vont s'assou-
pir pour accomplir la mue, il ne faut plus leur
donner qu'un ou deux légers repas propres à amener
le sommeil complet. Cette prescription est très-im-
portante, et l'on doit s'en écarter le moins possible.

Pour obtenir avec ensemble un sommeil spon-
tané, il faut avoir bien soin d'éclaircir les vers avant
la mue, afin qu'ils puissent manger autant les uns
que les autres, et marcher ainsi d'un pas égal.

En exécutant ponctuellement nos prescriptions,
les éducateurs seront surpris de la régularité avec

laquelle s'accomplissent les mues. Jamais les vers ne seront recouverts par la feuille ou enterrés dans la litière, et l'on reconnaîtra tous les avantages qui en résultent par les explications que nous donnerons à ce sujet dans le chapitre suivant, où nous indiquerons les dangers courus par les vers à soie lorsque les sommeils ne s'accomplissent pas d'une manière convenable.

L'inégalité des vers oblige, le plus souvent, les éducateurs à leur donner presque continuellement à manger pendant tout le temps destiné à l'accomplissement des mues.

Ce système, tout-à-fait mauvais, occasionne d'abord perte de temps et de feuille ; d'un autre côté, il est le point de départ d'une multitude d'accidents et de maladies.

—

VII.

Des luzettes.

On trouve souvent dans les chambrées des vers malades auxquels on donne vulgairement le nom de *luzettes* ou *non-dormants*.

La plupart des éducateurs croient fermement que cette maladie provient de ce que les vers n'ont pas mangé, et que par suite ils n'ont pu accomplir leur mue dans de bonnes conditions.

Cette opinion, entièrement erronée, pourrait donner des craintes à quelques hommes peu observateurs et difficiles à se convaincre de la nécessité de cesser brusquement les repas au moment où le sommeil va commencer, afin d'obtenir une marche régulière; mais ces incrédules reviendront facilement de leur erreur; leurs craintes s'apaiseront et ils auront confiance dans nos assertions lorsque nous leur aurons démontré clairement que la maladie des vers dits *luzettes ou non-dormants* n'est pas du tout occasionnée par une nourriture insuffisante, mais bien au contraire par une nourriture trop abondante.

Voici d'ailleurs ce que nous avons observé en nous livrant à de sérieuses recherches.

Au moment du sommeil, le ver cherche à se placer le mieux possible; puis, à l'aide du principe soyeux dont il est pourvu, et qui prend en ce cas le nom de bave, il s'entoure instinctivement de cette bave, qu'il accroche à divers points de la surface sur laquelle il se trouve placé; de cette façon, il établit un point d'appui pour se débarrasser plus facilement de la dépouille qu'il abandonne à chaque mue.

On comprend très-bien que le ver est dérangé dans ce travail par le repas qu'on lui sert ; il cherche alors à se dégager du fardeau incommode qui pèse sur lui ; il monte sur la feuille et recommence son opération. Un autre repas lui occasionne le même dérangement.

Il peut arriver que le ver à soie ait assez de force pour triompher encore ; mais en sera-t-il de même lorsque cet inconvénient se produira quatre, cinq ou six fois ? Évidemment non. Une partie de ces insectes reste alors enfouie sous la feuille ou dans la litière ; d'autres, épuisés ou affaiblis, finissent par manger quelque peu de la feuille qui leur est servie, et sont alors entièrement perdus, car ils ne se trouvent plus dans les conditions nécessaires pour que la mue se fasse convenablement et pour se débarrasser de leur enveloppe.

Beaucoup d'éducateurs n'ont pas étudié ce fait avec assez d'attention, car ils auraient dû s'apercevoir que les vers peuvent arriver à cet état de *luzette* ; même à la première mue, état fort difficile alors à apprécier ; à cette époque, ces animaux sont très-petits et d'une couleur peu marquée.

Chaque mue produit plus ou moins de *luzettes*, qui changent de nom en passant à un âge différent ; mais il n'en est pas moins vrai que les vers malades et atteints mortellement, que l'on désigne ordinairement sous le nom de *gras*, *jaunes*, ou autrement, ne sont le plus souvent que des *luzettes* arrivées à un terme plus avancé.

Sans aucun doute, une multitude d'autres causes peuvent contribuer à produire ces différentes maladies, mais il est bien certain que le défaut de nourriture ne les occasionne pas.

Nous pouvons d'ailleurs donner une preuve plus convaincante, et dont il sera facile de de rendre un compte exact.

En cessant les repas tout d'un coup, comme nous l'avons indiqué, il peut arriver que quelques vers n'aient pas mangé suffisamment pour commencer leur sommeil, et qu'ils ne trouvent pas dans les débris de la feuille de quoi satisfaire leur faim. Dans ce cas, ces vers ne deviennent nullement *luzettes*, mais, lorsque la fin de la mue arrive, ils se mettent à manger la feuille que l'on distribue aux vers éveillés, et lorsqu'ils ont satisfait leur appétit, ils accomplissent leur mue comme les autres.

Dans une atmosphère pure et à une température

convenable, les vers à soie peuvent rester plusieurs jours sans manger. Nous avons souvent fait cette expérience ; nous avons ainsi conservé une certaine quantité de vers pendant deux, trois, cinq et même huit jours : pas un seul n'a péri et tous ont produit de très-beaux et très-bons cocons.

Tous les propriétaires ont remarqué que des vers jetés avec la litière et exposés à toutes les intempéries de la saison restent quelquefois plus de huit jours sans périr ; souvent même, des vers-malades guérissent et deviennent très-beaux. Ce résultat doit être attribué à l'air pur et naturel qu'ils respirent.

Il est facile d'ailleurs de répéter ces expériences et d'obtenir, comme nous, la certitude que les *luzettes* ne sont pas produites par la privation de la nourriture, et que, par conséquent, on peut sans crainte suivre les prescriptions que nous donnons.

Nous voulons cependant supposer que certains vers en petit nombre puissent souffrir par suite de notre manière d'agir ; ce ne serait point une raison pour ne pas pratiquer notre méthode, car il ne faut pas sacrifier une éducation en général pour quelques vers isolés qui occasionneraient une perte peu sensible dans le cas où ils périraient.

D'ailleurs, comme nous venons de le dire, il ne

faut nullement avoir cette crainte, puisque les vers peuvent rester plusieurs jours sans manger, et que les mues ne se prolongent pas assez longtemps pour qu'ils soient exposés à périr de faim, et qu'ils ne puissent pas attendre le premier repas servi immédiatement après le réveil général.

CHAPITRE X.

TROISIÈME AGE ET TROISIÈME MUE.

I.

Éducation régénératrice.

Avant d'entrer dans les détails relatifs au troisième âge , nous devons observer qu'à partir de cette époque les vers destinés à faire les cocons pour la graine doivent être choisis et séparés des autres. On les établit alors dans une petite pièce particulière et l'on fait une éducation entièrement distincte à laquelle nous donnerons le nom d'*éducation régénératrice*.

Dans un chapitre spécial nous produirons des instructions à ce sujet, et nous ferons connaître la méthode que l'on devra employer pour cette importante éducation.

II.

Repas.

Au réveil de la deuxième mue, on procédera comme nous l'avons indiqué dans le chapitre VIII.

On servira par conséquent sur la litière un premier et léger repas. Il est inutile d'observer qu'il n'est pas nécessaire de couper la feuille aussi menue ; cependant, on fera bien de la couper encore jusqu'au quatrième âge inclusivement pour les deux repas au moins qui précèdent le sommeil.

Le deuxième repas doit être donné plus copieusement sur les papiers-filets destinés à enlever les vers ; puis ensuite la feuille doit être servie en proportion des progrès que font chaque jour ces petits animaux et suivant leur appétit.

Dans le cas où, après la première levée sur les papiers, il resterait encore sur la litière une certaine quantité de vers, on pourrait servir un deuxième repas.

Le nombre des repas, pendant cet âge, sera réduit à trois par jour, servis à des intervalles à peu près égaux, et réglés de façon à ce que le premier ait lieu au lever du soleil, le second à midi, et le troisième quelques instants avant la nuit.

III.

Espace occupé par les vers à soie.

Les vers doivent occuper tout d'abord la moitié des tables sur lesquelles on les transporte. Comme nous l'avons déjà dit, les papiers-filets seront placés en longueur à une distance d'environ dix centimètres les uns des autres et de manière à former une bande occupant la moitié de la largeur de la claie.

Les espaces vides doivent être garnis de feuilles, tout en ayant soin d'aller peu à peu vers les bords, pour que les vers puissent avoir à leur disposition un plus grand espace au fur et à mesure qu'ils avancent en âge ; ces insectes grossissent chaque jour, et, par conséquent, l'emplacement qu'ils occupent doit aussi être plus considérable.

IV.

Température.

Au troisième âge, la température doit s'élever à 19 ou 20 degrés pendant le jour, mais elle restera la même qu'au deuxième pendant la nuit, c'est-à-dire à 14 ou 16 degrés.

V.

Renouvellement de l'air.

Le renouvellement de l'air est toujours la chose importante, et devient plus nécessaire au fur et à mesure que les vers avancent en âge. Il ne faut donc pas négliger cette opération et la pratiquer largement, avec d'autant plus de raison que la température extérieure devient chaque jour plus favorable et en facilite les moyens.

Le renouvellement de l'air doit prévenir toute mauvaise odeur dans la magnanerie, où l'on ne doit trouver que l'odeur non-désagréable produite par la feuille. C'est là un indice de prospérité montrant clairement que la chambrée se trouve dans de bonnes conditions, et que les vers sont dans le meilleur état de santé possible.

A cet âge, l'humidité devient plus considérable. Pour qu'elle disparaisse, il est important de faire souvent des feux de flammes dans les cheminées ; on devra aussi, trois fois par jour, avant les repas, parcourir la magnanerie en tenant à la main une poignée de chenevottes, de paille, de sarments ou de copeaux enflammés, sans s'inquiéter de la fumée.

On peut aussi placer ces objets dans un *chauffe-lit*, une marmite ou tout autre bassin portatif. Ce moyen fait non-seulement disparaître l'humidité, mais il facilite encore le renouvellement de l'air.

VI.

Délitement.

Pendant cet âge, le délitement doit se faire deux fois, sans compter celui opéré par le transport des vers sur les tables après la mue. Cependant, lorsque la feuille a été distribuée irrégulièrement, et que par suite la couche est épaisse et humide, il devient nécessaire de déliter trois fois, car il est surtout important de prendre toutes les précautions pour que les vers n'accomplissent pas leur mue avant d'avoir été changés et mis au large. Cette prescription est de toute rigueur.

VII.

Troisième mue ou sommeil

Les vers s'endorment de nouveau ordinairement vers le cinquième ou sixième jour au plus tard. Il faut avoir bien soin alors de ne pas oublier nos prescriptions et de ne plus leur donner qu'un repas ou deux lorsque ce moment approche, afin qu'ils soient recouverts le moins possible par la feuille ou par la litière.

La moyenne de la durée du sommeil est d'environ trente-six heures ; il pourrait cependant se prolonger plus longtemps dans le cas où la température ne serait pas maintenue au degré que nous avons indiqué.

CHAPITRE XI.

MOTIFS POUR LESQUELS ON DOIT SE CONFORMER AUX PRESCRIP-
TIONS INDIQUÉES DANS LE CHAPITRE PRÉCÉDENT.

I.

Utilité de couper la feuille jusqu'à la quatrième mue, au moins pour les deux derniers repas qui la précèdent.

La feuille coupée, servie avant le mue, est toujours distribuée plus régulièrement que si elle était entière, et par conséquent la litière n'est pas aussi considérable, puisque les parcelles de feuilles non mangées sont moins volumineuses et sèchent plus facilement, ce qui permet aux vers d'accomplir les mues dans de meilleures conditions.

—

II.

Avantages résultant de trois repas.

A cet âge, trois repas par jour sont bien suffisants, comme nous l'avons déjà indiqué. La feuille est déjà plus mûre, par conséquent elle sèche moins vite, et les vers peuvent en profiter presqu'en totalité.

On peut, il est vrai, obtenir de belles réussites en donnant un nombre plus considérable de repas, six, huit, dix et même plus ; mais nous avons la certitude que ce système, beaucoup trop compliqué et surtout fort dispendieux, n'amènerait pas d'aussi bons résultats.

Avec cinq ou six repas par jour, les vers mangent plus souvent, nous en convenons, mais ils prennent cette nourriture avec moins d'appétit, et, par conséquent, elle leur est moins profitable. Ils ne se portent donc pas aussi bien, car ils n'ont pas le temps de digérer, et, par suite, ils ne sont plus aussi vigoureux et presque malades ; ils deviennent *mous*, enfin, comme le disent vulgairement les éducateurs.

Dès lors, ils sont moins aptes à triompher des accidents qui peuvent se produire, et moins forts pour parcourir les phases critiques de leur existence.

Nous avons entendu dire et répéter plusieurs fois : « Plus on donne de la feuille aux vers, plus ils mangent ; voilà par conséquent la preuve qu'il est nécessaire de leur servir un grand nombre de repas ; car, s'ils n'avaient pas besoin de nourriture, ils ne mangeraient pas. »

C'est là une grave erreur. Les vers mangent chaque fois qu'on leur donne, parce qu'ils sont excités les uns par les autres. L'instinct de la conservation, la crainte de manquer de feuille, les pousse à prendre de la nourriture au-delà de leurs besoins.

Une comparaison pourra faire ressortir la vérité du fait que nous avançons :

Que l'on renferme un chien ou tout autre animal dans un lieu quelconque, et qu'on lui serve une très-grande quantité de nourriture, beaucoup plus considérable que ses besoins ne l'exigent, il arrivera certainement un moment où cet animal se sera tellement gorgé, qu'il se trouvera dans la nécessité de s'arrêter.

Eh bien ! qu'à ce moment on introduise près de

lui un ou plusieurs de ses semblables pour les faire profiter des débris abandonnés, on verra alors le chien se mettre de nouveau à l'œuvre et manger comme si réellement il avait faim.

Dans certaines circonstances à peu près analogues, les êtres humains ne montrent pas une bien grande sagesse et tombent dans des excès nuisibles à leur santé, à plus forte raison doit-il en être ainsi lorsqu'il s'agit d'un animal.

Ce qui nous démontre d'ailleurs évidemment que les vers ainsi traités mangent, le plus souvent, sans aucune nécessité, c'est qu'à l'état naturel, ou bien livrés isolément à eux-mêmes, ils ne se comportent pas de la même façon.

Que l'on place, par exemple, quelques vers sur un mûrier ou bien sur des feuilles, de manière à ce qu'ils soient séparés les uns des autres, on reconnaîtra bien vite, en observant avec attention, qu'ils ne mangent que deux fois par jour, ou trois au plus ; c'est là ce que nous avons bien souvent remarqué : c'est là un fait naturel que l'on ne saurait révoquer en doute.

Il ne faut pas croire d'ailleurs que les vers auxquels on donne cinq ou six fois mangent davantage que ceux auxquels on ne donne que trois fois. Le plus souvent, leur appétit n'est que factice, et, par conséquent, la digestion est moins active. Il arrive même quelquefois que ces vers mangent moins, tout en dépensant beaucoup plus.

Pour se rendre un compte exact des faits que nous avançons, il suffit de peser la feuille servie à des vers mangeant six fois au plus, et de peser aussi celle servie à un même nombre de vers ne faisant que trois repas ; puis, en mettant de part et d'autre la litière sur les balances, on pourra facilement comparer et l'on reconnaîtra bien vite la quantité de nourriture absorbée avec profit.

Mais la dépense de la feuille occasionnée par un grand nombre de repas inutiles n'est pas dans cette question le plus grave inconvénient. Il existe un danger bien plus sérieux : nous voulons parler de la litière qui se produit alors en très-grande abondance; de là résulte une humidité, une fermentation désastreuse très-propre à amener l'altération de l'air, les maladies, la mortalité et bien souvent la perte de toute une éducation.

Si l'on persistait cependant à vouloir donner un grand nombre de repas, il faudrait aller jusqu'à douze ou quinze ; car alors, ne manquant jamais de nourriture, les vers se trouveraient dans la même situation qu'à l'état naturel : ils ne seraient pas

excités par la crainte de manquer de feuille et mangeraient avec moins de voracité.

Dans ce cas, les vers prendraient alternativement
leur nourriture, et l'on pourrait voir que les uns
mangent pendant que les autres s'abstiennent, de
telle sorte qu'en observant avec attention on recon-
naîtrait que chaque ver fait au plus trois à quatre
repas.

Cette manière de procéder ne serait donc point
avantageuse, car la feuille et la main-d'œuvre entraîneraient des dépenses beaucoup plus considérables,
et le travail deviendrait bien plus fatiguant.

D'ailleurs, cet entassement de feuille et de litière
serait, sans contredit, plus préjudiciable que ne
serait utile ce grand nombre de repas, et, probablement, les résultats obtenus seraient moins satisfaisants. Nous tiendrons encore ici le même langage et
nous dirons que l'on expérimente.

En ne donnant que trois repas, suivant notre méthode, les éducateurs s'apercevront bien vite que les
vers sont généralement plus vigoureux, plus fermes
au toucher que ceux auxquels on sert un grand nombre de repas.

Généralement, les vers ainsi traités ont un meilleur
aspect et se distinguent par une blancheur plus

éclatante, dénotant incontestablement une santé plus robuste. On pourra voir aussi, au quatrième ou au cinquième âge, que ces avantages ne sont pas les seuls propres à faire pencher la balance du côté de notre système.

Les éducateurs ont donc tout intérêt à ne pas donner plus de trois repas, à moins que, pendant les deux derniers jours d'un âge, on ne se trouve dans la nécessité de servir un repas de plus, dans le cas où l'on s'apercevrait que quelques vers n'ont pas suffisamment pris de la nourriture.

Il faudrait cependant se dispenser de donner un repas en plus dans une chambrée où l'on aurait à redouter une trop grande humidité et les ravages causés par la muscardine.

II.

Importance de la régularité des mues obtenues ainsi qu'il a été dit.

La manière de procéder, au moment des mues, est une chose fort importante, sur laquelle on ne porte pas assez l'attention. Généralement, on agit dans cette circonstance sans discernement et sans principes. Cette phase critique des vers à soie, cette transformation, qui exerce sur leur destinée une si grande influence, est abandonnée et soumise à une pratique vicieuse et routinière; les sommeils s'accomplissent alors dans de très-mauvaises conditions.

A la vérité, nous devons le dire, jamais aucun auteur n'a indiqué d'une manière claire et précise les moyens nécessaires pour traverser convenablement cette phase délicate de l'existence du ver. On croirait vraiment qu'il s'agit ici d'une question ardue, d'une difficulté sérieuse que l'on cherche à éluder.

En réfléchissant sérieusement, on doit comprendre que, pour qu'une éducation se trouve dans les meilleures conditions, il faut qu'elle se rapproche le plus possible des habitudes d'un ver isolé à l'état naturel.

C'est là ce qu'il faut chercher en dirigeant les vers à soie avec ensemble, en cessant les repas tout à coup et non pas en les continuant indéfiniment, comme on le fait assez généralement, de telle sorte que ces insectes sont entièrement recouverts de feuilles et de litière, et certes ce n'est point là l'état naturel que nous cherchons à obtenir.

Malheureusement, la plupart des éducateurs ne

cessent les repas que lorsqu'ils aperçoivent déjà quelques vers réveillés. Cette manière de procéder est sans aucun doute irrégulière et peu rationnelle ; il est facile de se convaincre du vice inhérent à ce système.

Par l'habitude d'une pratique routinière, et sans aucune raison plausible, certains éducateurs prennent l'exception pour règle, là où ils devraient se conformer aux exigences de la masse. Ainsi, quelques vers se réveillent, on les prend pour guide, et ce réveil, plus ou moins opportun, semble signifier que les autres se trouvent dans un état convenable de sommeil.

Voilà la règle tout-à-fait erronée sur laquelle se basent plusieurs éducateurs. Il arrive alors que les vers éveillés profitent des derniers repas servis, et qu'ils restent ensuite vingt-cinq à trente heures sans manger, pour attendre les premiers repas donnés après le réveil général ; de là, une inégalité complète dans l'éducation, inégalité qui augmente de plus en plus à chaque mue ; de là, désordre général, confusion, et, par suite, tous les désastres qui en sont l'inévitable conséquence.

Les accidents produits par les mues irrégulières sont nombreux, et nous allons bientôt en donner la certitude en jetant un coup d'œil rapide sur les faits qui naissent à l'occasion de ce désordre.

Les vers recouverts de feuilles ou de litière se trouvent évidemment dans de bien mauvaises conditions : non-seulement ils sont privés de l'air pur dont ils ont toujours besoin , mais ils ne peuvent se soustraire à l'influence qu'exerce sur eux les exhalaisons pernicieuses.

La feuille et la litière, en séchant, dégagent nécessairement une assez grande quantité d'humidité ; souvent même il y a commencement de fermentation et, par suite, évaporation de gaz délétères très-nuisibles aux vers.

Ces accidents, sans cesse reproduits, ne sont pas étrangers à l'affaiblissement et à la dégénérescence de l'espèce ; peut-être même pourrait-on dire que la plupart des maladies en sont la conséquence.

Il est un fait, d'ailleurs , que nous ne devons pas laisser passer inaperçu. Après chaque mue, on voit ordinairement surgir des maladies de toute espèce en plus grande quantité que pendant les autres phases de l'éducation.

Il est vrai qu'à ce moment le ver se trouve affaibli par le travail de la mue, et que beaucoup ont de la peine à résister à cette dure épreuve ; mais aussi, le plus souvent , la masse sort victorieusement de cette transformation, et cependant un changement notable s'opère tout à coup ; ces vers magnifiques, sur lesquels on fondait les plus belles espérances , deviennent en partie languissants, malades, et, quelquefois même, atteints mortellement.

La cause de ce fatal revirement ne pourrait-elle pas être attribuée à la manière fâcheuse dont les mues se sont accomplies ?

Avec notre système, ces accidents ne sont point à redouter , car tous les vers sont en quelque sorte apparents sur les tables ; ils peuvent en conséquence manger avec régularité, selon leurs besoins, respirer un air pur , vital , et ne pas être exposés à tomber sous le coup de toutes les influences pernicieuses que nous avons signalées et qui sont presque toujours le résultat de la trop grande humidité, de la fermentation de la litière et des odeurs pestilentielles que l'on trouve bien souvent dans la plupart des magnaneries.

CHAPITRE XII.

QUATRIÈME AGE ET QUATRIÈME MUE.

I.

Repas

Après le sommeil ou la fin de la troisième mue, les vers recevront un léger repas avant le délitement, comme nous l'avons déjà dit précédemment.

Si l'on voulait cependant choisir les vers les plus beaux et laisser de côté les traînards, il conviendrait de placer les papiers-filets avant de servir ce premier repas, et de les transporter sur d'autres tables quelques heures après.

Au fur et à mesure que les vers avancent en âge, la mue s'opère de plus en plus difficilement; il importe, en conséquence, de ne leur donner à manger que lorsqu'ils sont complétement éveillés, sans crainte que le temps nécessaire à cet effet puisse leur causer aucun préjudice.

II.

Délitement.

Les vers, changés et transportés sur les tables où ils doivent accomplir le quatrième âge, ne doivent occuper que le tiers en longueur de ces tables; car, pendant cette période de temps, le volume devient au moins trois fois plus grand; il est alors facile de les étendre et de leur donner tout l'espace nécessaire.

Il faut changer les vers toutes les fois que la litière est humide et abondante, ce qui dépend beaucoup de la manière plus ou moins économique ou régulière dont la feuille a été distribuée.

Les éducateurs intelligents peuvent d'ailleurs seuls apprécier l'utilité des délitements, suivant que le besoin s'en fait sentir. Dans certaines magnaneries, bien tenues et bien conduites, il suffit de déliter tous les deux à trois jours, tandis que dans d'autres il sera nécessaire de procéder à cette opération tous les deux jours et quelquefois même chaque jour.

III.

Renouvellement de l'air.

Le renouvellement de l'air devient plus nécessaire au fur et à mesure que les vers avancent en âge ; il est donc important de ne pas négliger cette pratique, et surtout de se servir à cet effet, avec intelligence, des portes, des fenêtres et des soupiraux.

Il ne faut pas oublier aussi les feux de flamme, tels qu'ils ont été prescrits dans le chapitre précédent.

IV.

Température

Pendant tout le temps que durera le quatrième âge, la température sera maintenue à 20 degrés environ pendant le jour, et toujours à 14 et 16 degrés pendant la nuit, sans aucun changement.

V.

Précautions à prendre en cas d'orage ou de touffe.

Lorsqu'un orage est sur le point de se manifester, et que l'on craint un mauvais temps pendant lequel les éclairs et le tonnerre se succèdent, il ne faut pas perdre de temps; fermer immédiatement toutes les ouvertures qui sont en communication directe avec le dehors, de manière à ce que l'on puisse éviter les courants propres à introduire dans la chambrée l'air extérieur chargé d'électricité.

Il faut alors faire de grands feux de flamme dans les cheminées et dans toutes les parties de la magnanerie, en suivant sur ce point les indications que nous avons données. Il faut ouvrir tous les soupiraux et les ouvertures communiquant à un appartement quelconque, à condition toujours que l'air extérieur n'arrive pas directement.

On procéderait de la même façon dans le cas où l'on serait exposé à une *touffe* ou fort vent chaud du midi; car ces sortes d'accidents peuvent souvent porter préjudice à une éducation; il est donc utile de prendre toutes les précautions nécessaires pour prévenir un désastre.

VI.

Petite briffe ou frèze.

Du troisième au quatrième jour, l'appétit des vers augmente considérablement; il se manifeste alors chez eux une espèce de *briffe ou frèze* qui n'est qu'un diminutif de la grande *briffe* du cinquième âge. Il est prudent alors de servir un léger repas de plus pendant les deux derniers jours: cependant, cette précaution n'est pas d'une nécessité absolue.

VII.

Observations générales.

Vers le sixième jour, et même quelquefois avant, les vers se préparent au sommeil, et certes il est important qu'ils accomplissent convenablement cette dernière mue. Il faut donc employer tous les moyens

pour arriver à ce résultat; car cette dernière transformation, ce dernier sommeil, exerce toujours une
grande influence sur l'avenir de l'éducation.

On doit donc changer et éclaircir les vers avec
beaucoup de soins, suivre scrupuleusement toutes
les indications que nous avons données, afin que le
sommeil arrive et se termine avec l'ensemble le plus
complet.

Nous rappelerons encore que les repas doivent
toujours être servis pendant le jour. Pour ne pas être
exposé à ce que cette opération se prolonge pendant
la nuit, les éducateurs ne doivent pas craindre de
commencer deux à trois heures d'avance, selon l'importance de la magnanerie et le temps nécessaire
pour répandre la feuille sur toutes les tables.

CHAPITRE XIII.

MOTIFS POUR LESQUELS IL FAUT AGIR COMME IL VIENT D'ÊTRE INDIQUÉ.

I.

Réveil des vers.

Il convient, comme nous l'avons dit, de ne pas donner à manger aux vers avant qu'ils ne soient totalement éveillés, dût-il même s'écouler vingt-quatre heures avant que ce résultat ne fût complétement obtenu.

Ce long intervalle de temps, pendant lequel les vers restent sans nourriture, ne peut présenter aucun danger dans une magnanerie bien aérée et chauffée à la température indiquée ; car, en ce moment, ces insectes ont plus besoin d'air que de nourriture.

Les repas trop rapprochés de la mue, c'est-à-dire ceux donnés avant que les vers ne soient généralement éveillés, peuvent produire, au contraire, une foule d'accidents.

Tout le monde sait que la troisième et la quatrième mue sont très-laborieuses et que les vers se débarrassent difficilement de leurs dépouilles ; ces animaux ont alors besoin d'être entourés de toutes les circonstances favorables propres à les faire sortir avec avantage de cette crise pénible.

Les repas trop tôt servis peuvent nuire aux vers déjà fatigués et affaiblis, les engager à goûter une feuille fraîche qui les couvre, avant que leur enveloppe ait totalement disparu. Or, tout ver qui mange dans cette situation est entièrement perdu, à moins qu'on ne lui vienne en aide pour arracher sa vieille dépouille, et c'est là presqu'une impossibilité ; la partie dépouillée devient plus grosse par le fait de la nourriture introduite dans le corps, tandis que l'autre partie se resserre, ce qui amène nécessairement la mort après quelques jours.

Nous avons bien souvent rencontré dans les éducations des cas de ce genre.

II.

Renouvellement de l'air.

Nous avons dit que pour renouveler complétement l'air, il fallait se servir de préférence des ouvertures propres à introduire dans la magnanerie l'air le plus chaud et le plus vivifiant, et, par conséquent, ouvrir les fenêtres du côté du soleil levant ou du soleil couchant, suivant l'heure de la journée à laquelle on se trouve.

Au quatrième âge il peut advenir des circonstances qui obligent l'éducateur à agir dans un sens contraire.

Dans certains moments, la chaleur est forte, accablante, l'air est lourd, peu agité ; il convient alors d'ouvrir les soupiraux, les portes, les fenêtres les plus propres à donner un air plus frais destiné à établir la circulation et le renouvellement de celui de la chambrée.

III.

Influence de l'électricité sur les vers à soie.

L'électricité est très-nuisible au ver à soie ; par sa nature, son organisation, cet animal est prédisposé à recevoir les impressions et à subir les inffluences malfaisantes de ce fluide qui fait quelquefois tourner subitement le lait et corrompre la viande, lorsqu'il pénètre dans un lieu en trop grande quantité.

Il est donc important de prendre quelques précautions pour préserver les vers des atteintes de l'électricité. Il faut, dans ce but, fermer les portes et les fenêtres communiquant avec l'extérieur, ouvrir les soupiraux, faire des feux de flamme dans les cheminées et dans la magnanerie.

IV.

Température.

Nous croyons utile de maintenir la température à vingt degrés, car il est alors moins difficile de se

préserver des accidents produits par une plus forte
chaleur.

Dans les lieux où se trouve une agglomération
d'animaux, une haute température favorise l'altération de l'air ; les émanations fétides engendrent
plus facilement la corruption et même la contagion.

Cependant, comme nous l'avons dit ailleurs, les
vers ne craignent pas autant la chaleur que l'agglomération, et, sans aucun doute, quelques-uns de
ces insectes isolés donneraient de très-bons résultats,
même à une température de 25 à 30 degrés, parce que,
dans ce cas, on n'aurait pas à redouter les suites
fâcheuses de cette agglomération.

Il est donc prudent de ne pas trop élever la température dans les grandes éducations, et de la maintenir à 20 degrés environ. Cette température de 20
degrés, et même davantage, offre moins de dangers
dans un appartement bien aéré que celle de 15 à 16
degrés dans un local trop fermé.

V.

Repas.

Nous avons déjà démontré que les repas ne doivent

pas être servis pendant la nuit ; il n'est donc pas sans intérêt et sans opportunité de faire ressortir encore ici les nombreux avantages produits par cette manière de procéder.

Il n'est pas rationnel de donner à manger aux animaux pendant la nuit, car la nature ne l'a pas voulu ainsi ; et, si l'on observe attentivement, on reconnaîtra que cette façon d'agir serait beaucoup plus nuisible qu'utile, et qu'il peut en résulter de grands inconvénients.

Malgré toutes les assertions contraires, il n'en est pas moins vrai que les vers ont besoin de la nuit pour dormir ou se reposer.

Les mues sont vulgairement appelées sommeil ; ce n'est pas là un sommeil réel, mais bien une transformation, une phase particulière de leur existence. Il serait certainement bien difficile de reconnaître et de savoir si le ver à soie dort ou ne dort pas, mais on reconnaîtra qu'il se trouve, principalement la nuit, dans un état d'immobilité et de repos ressemblant beaucoup au sommeil, dans le cas surtout où rien ne contribue à le déranger. Pour faire à ce sujet une étude d'observations, il suffit d'isoler quelques vers et l'on verra que nous sommes entièrement dans le vrai.

D'ailleurs, le service des repas pendant la nuit devient dangereux à cause du grand nombre de lumières qu'il faut employer ; d'un autre côté, ce service se fait presque toujours avec irrégularité ; car, à l'époque du dernier âge, le travail devient chaque jour plus considérable. Les manœuvres employés aux champs sont souvent appelés pour aider à faire la distribution de la feuille; ils sont, en conséquence, obligés de travailler une partie de la nuit, lorsqu'ils auraient besoin de se reposer des fatigues de la journée. Le travail se fait alors avec précipitation et sans aucun soin ; des tas de feuilles sont jetées au hasard sur un point, tandis qu'elles manquent tout-à-fait sur un autre ; on blesse les vers, on les écrase. Voilà les funestes conséquences du service de nuit.

Il est donc sage et prudent de s'abstenir de donner à manger aux vers pendant la nuit, et d'éviter de prolonger trop tard cette opération, qui doit être terminée avant la fin du jour.

Il ne faut nullement craindre que la privation de nourriture, pendant les heures de la nuit, puisse causer un préjudice quelconque à l'éducation, puisque cette manière d'agir est en rapport avec les lois générales de la nature et les habitudes communes à la plupart des êtres.

CHAPITRE XIV.

I.

Repas.

Lorsque la quatrième et dernière mue est entièrement terminée et que les vers sont tout-à-fait éveillés, il faut immédiatement placer les papiers-filets avant de servir, comme dans les autres âges, le léger repas qui doit être composé de feuilles fines ou de sauvageons, s'il y a possibilité.

Les vers sont ensuites transportés et placés très-au large sur les tables, où ils doivent accomplir le dernier terme de leur existence, c'est-à-dire le cinquième âge.

Les repas seront servis au nombre de trois, comme précédemment, et de façon toujours à ce que la dernière donnée soit terminée avant la nuit.

Pendant les deux premiers jours, les repas doivent être plutôt légers que copieux. Cette prescription contribue à rendre les vers plus robustes et plus vigoureux.

—

II.

Délitement.

Il est à propos de déliter tout les deux jours au moins, et plus souvent dans le cas où une humidité quelconque provient soit de la température, soit de toute autre cause.

—

III.

Renouvellement de l'air et température.

Le renouvellement de l'air doit se faire avec le plus grand soin dans la magnanerie, lorsque l'époque de la montée approche et que les vers commencent à devenir mous ; le thermomètre alors ne doit pas descendre au-dessous de 16 degrés pendant la nuit.

Cependant, il conviendra de tempérer la grande chaleur de cette époque au moyen de courants d'air frais provenant des ouvertures propres à cet objet.

Quelquefois la chaleur devient excessive, accablante ; l'air extérieur est tellement calme qu'il est impossible d'obtenir un air agité et circulant librement de tous les côtés ; il faut, dans ce cas, arroser abondamment et fréquemment le plancher et même les murs, ouvrir les soupiraux, les portes, les fenêtres, faire des feux de flamme dans la cheminée. De cette façon, l'air circulera, se renouvellera, et, le plus souvent même, le thermomètre baissera.

En cas d'orage, il ne faut pas oublier de prendre les précautions déjà indiquées dans le chapitre précédent, et surtout avoir soin de ne pas se laisser surprendre et arriver à temps.

Les feux de flamme dans les cheminées et à la main doivent avoir lieu avant chaque repas, et surtout après *le délitement*.

IV.

Feuille mouillée.

Les éducateurs se trouvent dans la nécessité, lorsqu'il pleut, de faire ramasser la feuille mouillée; il est important, dans ce cas, de sécher le plus possible cette feuille en l'agitant au moyen d'une fourche en bois, et en la plaçant dans des linges, comme on fait quelquefois pour la salade. On peut alors la servir aux vers sans aucune crainte; mais les repas doivent être moins copieux, afin que les vers la mangent totalement et que l'humidité soit, par conséquent, moins considérable.

Il est nécessaire aussi, dans ces circonstances, de faire le plus souvent usage des feux de flamme, car la feuille mouillée n'est pas nuisible comme nourriture, mais elle peut devenir funeste à cause de l'humidité qu'elle produit dans la magnanerie.

V.

Grande briffe ou frèze.

La grande *briffe* ou grande *frèze* se manifeste,

chez les vers, le quatrième ou le cinquième jour. Dans cette condition, l'éducateur doit prendre toutes les mesures nécessaires pour que ces insectes mangent avec ensemble, et distribuer, à cet effet, la feuille avec beaucoup de régularité.

La veille de la briffe, c'est-à-dire à peu près le quatrième jour, il ne faut pas oublier de déliter et d'éclaircir les vers ; c'est là un point très-important, afin qu'ils mangent autant les uns que les autres et qu'ils puissent arriver à la maturité, le plus possible, en même temps.

Deux jours après la grande briffe, c'est-à-dire le sixième de leur âge, les vers atteignent le plus gros volume auquel ils puissent arriver ; à partir de ce moment, leur appétit va en diminuant, ainsi que leur poids et leur volume.

Les vers cherchent ordinairement la bruyère le huitième jour, et commencent à se disposer à monter ; cependant, il peut arriver que ce moment désiré par tous les éducateurs puisse être retardé ou avancé d'un jour.

On reconnaît, aux signes suivants, que les vers sont parvenus à l'état de maturité, et que, par conséquent, ils doivent être placés à la bruyère :

Plusieurs de ces animaux commencent à courir

sur les bords des tables et grimpent aux montants pour y faire le cocon.

Leur corps est mou au toucher et la partie en arrière de la tête prend une couleur ambrée, rosacée et devient transparente : on dit alors ordinairement que les vers sont clairs.

Les excréments, qui étaient auparavant durs et noirs, deviennent mous et verdâtres. Voilà les signes certains indiquant la maturité des vers.

Les éducateurs qui voudront bien se conformer à notre système reconnaîtront en ce moment que les vers sont plus vigoureux et plus fermes au toucher que ceux élevés par les procédés généralement mis en pratique. Cet état de vigueur et de fermeté se montre jusqu'au moment où ils travaillent à faire leurs cocons. Le plus souvent même, ces vers paraissent moins mous et moins clairs, mais il ne faut pas s'y tromper, et lors même que les signes précurseurs dont nous venons de parler ne seraient pas très-apparents, il ne faut pas négliger de les placer à la bruyère le neuvième jour, au plus tard.

CHAPITRE XV.

MOTIFS POUR LESQUELS IL FAUT AGIR COMME IL A ÉTÉ INDIQUÉ AU CHAPITRE PRÉCÉDENT.

—

I.

Délitement des vers aussitôt après le réveil.

Au cinquième âge, nous plaçons les filets sur les vers immédiatement après le réveil complet, avant même de leur donner un premier repas.

Cette prescription a pour but, non-seulement d'abandonner les traînards, pour qu'il n'y ait pas un mélange fâcheux, mais encore de ne pas laisser les vers trop longtemps sur la bruyère ; car, à cet âge, ces insectes sont gros, leurs cadavres rendent la litière plus malsaine, facilitent la corruption et quelquefois même la contagion.

II.

Nécessité d'éclaircir les vers.

Nous ne saurions trop le répéter, il convient de plus en plus d'éclaircir les vers, de leur donner de l'espace ; la santé de ces animaux exige cette précaution, qui contribue à les faire marcher vers la bruyère d'un pas plus égal.

III.

Repas.

Pendant les deux jours qui suivent la mue, il faut donner aux vers des repas assez légers pour qu'ils ne puissent pas aussitôt se gorger de nourriture ; leur vigueur et leur appétit augmentent progressivement, leur santé devient alors florissante, ce qui n'aurait pas toujours lieu si, de prime abord, on leur servait une trop grande quantité de feuilles.

Les repas ne doivent pas dépasser le nombre de trois ; cependant, les éducateurs pourraient donner utilement un repas intermédiaire et léger à l'époque de la grande briffe.

Nous ne considérons pas cette pratique comme une chose tout-à-fait essentielle, car il pourrait quelquefois en résulter plus de danger que d'utilité. Nous avons la conviction, d'ailleurs, que les vers clair-semés et tenus au large mangent et profitent mieux, en général, lorsqu'on fait seulement trois données régulières.

IV.

Renouvellement de l'air et température.

Il faut, à cet âge, renouveler l'air avec beaucoup de soins et ne pas craindre même d'abaisser la température au moyen des courants d'air frais nécessaires pour amener l'agitation de l'air, tout en employant avec discernement les arrosages, les feux de flamme, etc.

Lorsque l'époque de la maturité approche, l'éducateur doit veiller à ce que la température ne tombe pas au-dessous de 16 degrés pendant la nuit. A ce moment critique, les vers ne doivent pas éprouver de trop grands refroidissements, qui pourraient quelquefois compromettre leur santé et les espérances fondées sur le travail à venir.

Cette prescription est fondée sur des motifs tout-à-fait rationnels. Nous l'avons déjà dit bien des fois, nous voulons rapprocher les éducateurs le plus possible de la nature. Il faut donc placer les vers dans des conditions semblables à celles qu'ils rencontrent à l'état naturel. Or, nous savons tous qu'à cette époque les nuits sont généralement moins froides.

—

V.

Feuille mouillée.

On peut, sans crainte, servir aux vers la feuille mouillée lorsque l'on a pris les quelques précautions indiquées pour la faire un peu sécher ; mais il faut surtout alors ne pas négliger les feux de flamme propres à détruire le mauvais effet produit par une trop grande humidité, souvent cause d'accidents fâcheux.

Il est facile d'établir et d'obtenir la certitude que la feuille mouillée n'est pas en elle même une nourriture dangereuse pour les vers.

Que l'on isole et que l'on place, à cet effet, quelques-uns de ces insectes dans un appartement séparé, qu'on leur serve pendant huit ou dix jours de la feuille mouillée, et l'on verra que leur santé n'est nullement altérée.

VI.

Montée des vers.

La montée des vers à soie a le plus souvent lieu vers le huitième jour. On doit donc à ce moment se préparer à les placer à la bruyère.

Un retard d'un jour peut facilement se reconnaître aux symptômes que nous avons indiqués; cependant, il y aurait quelquefois imprudence à attendre la manifestation des signes ordinaires, puisque notre système contribue à rendre les vers plus fermes et plus vigoureux, et que, par suite, les symptômes de la maturité sont moins apparents.

Cet état favorable provient de la manière dont ces insectes sont élevés, aérés et nourris; ils ont alors plus d'appétit; ils digèrent mieux et se trouvent ainsi dans un meilleur état de santé.

Une chose digne de remarque et tout-à-fait en

faveur de notre système, c'est que les vers ainsi conduits ne deviennent pas aussi gros, aussi boursouflés que ceux auxquels on donne un grand nombre de repas ; mais aussi, d'un autre côté, ils diminuent moins, de telle sorte qu'au moment de la montée, ils sont aussi gros et quelquefois plus volumineux.

Lorsque les vers sont gorgés de nourriture, ils mangent avec moins d'appétit et se trouvent dans de mauvaises conditions pour digérer, et se débarrassent peu à peu des matières étrangères au principe soyeux ; nécessairement alors ils se vident davantage et rapetissent en proportion.

On comprend bien que, dans ce cas, ces insectes doivent être moins vigoureux et moins prompts à la montée.

On nous dira, sans aucun doute : « Mais les vers élevés avec trois repas sont quelquefois plus petits que ceux auxquels on sert plus souvent de la feuille. » Nous ne nions pas ce fait, puisque nous en faisons l'observation.

Plus un ver à soie est sain et vigoureux, moins il peut se mouvoir et se replier sur lui-même avec facilité : le cocon est alors plus concentrique et par conséquent plus resserré, mais cette circonstance ne l'empêche pas d'être aussi bon et même plus étoffé qu'un autre plus gros. Les cocons un peu moins gros et plus régulièrement conformés sont généralement les meilleurs, et sont le signe à peu près certain d'une bonne réussite.

Nous avons élevé des lots différents de vers dans les mêmes conditions de température, de local, de nourriture ; nous avons établi des variations dans les repas, depuis un jusqu'à dix ; certains lots, par conséquent, ont reçu de la feuille deux, trois fois, et d'autres, cinq, huit et dix fois par jour ; nous avons reconnu que les vers auxquels trois ou quatre repas seulement ont été servis l'emportaient sur les autres, et par la qualité et par la beauté des cocons.

Après de semblables expériences, pratiquées sur une grande échelle, il nous est permis de dire avec conviction et surtout avec connaissance de cause : Voulez-vous réussir dans vos éducations, ne donnez jamais à manger à vos vers plus de trois à quatre fois par jour ; vous éviterez ainsi un grand embarras et vous ferez de larges économies de temps et de feuille.

Nos parents et quelques-uns de nos amis suivent scrupuleusement, depuis huit ans, la méthode que nous indiquons ici, et, sans crainte d'être démenti, nous pouvons affirmer qu'ils ont toujours obtenu les meilleures récoltes du pays, malgré les mauvaises

saisons séricicoles que nous venons de traverser.
Ces éducateurs pourront dire qu'ils ont moins dé-
pensé, que le travail a été moins considérable et
plus productif.

N'est-ce pas là une preuve assez concluante? N'est-
ce pas là une amélioration due à notre système?

Pourquoi d'ailleurs les propriétaires ne se livrent-
ils pas aussi à une expérience conforme à celle indiquée plus haut? Mais il ne faudrait pas, dans ce cas,
agir sans discernement, et se livrer à cette expéri-
mentation sans soins et sans intelligence.

On doit prendre des vers réunissant les mêmes
conditions, les tenir dans le même appartement, ne
pas opposer une espèce à une autre; on doit élever
des lots égaux composés de vers du même âge et de
même qualité. Sans toutes ces précautions, les résultats obtenus seraient complétement illusoires, et
l'on ne pourrait, en aucune manière, établir des
points de comparaison. La seule différence doit donc
se rencontrer dans le nombre des repas.

Sans aucun doute, les résultats obtenus par l'emploi de nos procédés pourraient bien ne pas toujours satisfaire complétement les désirs des éducateurs : nous ne disons pas qu'une réussite brillante
soit une certitude quand même. Des accidents peu-

vent aussi se produire dans la climature ; les feuilles
peuvent être de mauvaise qualité ; la graine achetée
peut avoir été mal confectionnée. Oh ! certainement alors les éducateurs seraient bien vite disposés
à donner pour cause à cette réussite médiocre
l'innovation que nous cherchons à faire prévaloir
dans l'intérêt de la sériciculture ; ils ne craindront
pas de dire : « Si nous avions employé le système
ordinaire , nous aurions peut-être mieux réussi. »
Peut-être , c'est le mot , car où sont les preuves ?

Disons plutôt que lorsque les résultats obtenus
par notre système d'éducation seront médiocres , ils
seraient nuls par l'emploi des produits vicieux généralement employés jusqu'à ce jour. C'est là notre
certitude , basée sur de longues observations , une
constante pratique et sur les considérations puisées
dans l'observation des faits naturels , d'où ressortent
des principes dont il n'aurait jamais fallu s'écarter.
Les lois de la création sont des lois suprêmes qu'il
faut observer , surtout lorsqu'elles se rapportent aux
êtres organisés.

Inclinons-nous alors , et ne cherchons pas à nous
insurger contre des principes essentiellement vrais ,
qui seuls peuvent préserver la sériciculture d'une
ruine totale.

CHAPITRE XVI.

RAMAGE ET COCONAGE DES VERS.

Aussitôt que les vers sont parvenus à l'état de maturité, l'éducateur ne doit pas perdre un instant pour les ramer et les placer à la bruyère; sans cela, il s'expose à éprouver un grand préjudice.

La bruyère doit se trouver à la portée du ver pendant les quelques heures qui suivent sa maturité, afin qu'il puisse facilement grimper et se placer pour faire son cocon: sans cette précaution, cet insecte perdrait sa vigueur et s'épuiserait en vain.

Les éducateurs connaissent d'ailleurs assez généralement les dangers auxquels ils s'exposent en retardant trop longtemps cette importante opération.

Les cabanes ne seront ni trop vastes ni trop étroites, et occuperont chacune un espace, en longueur, de 35 à 40 centimètres. La bruyère doit être assez clairement placée pour que l'air circule à travers le plus librement possible.

On aura soin de mettre la partie inférieure de la bruyère, c'est-à-dire la tige, tout-à-fait au bord des tables, afin que les vers la rencontrent, car on sait qu'ils ont généralement l'habitude de courir sur les bords. La partie supérieure des rameaux devra, au contraire, être avancée un peu sous les tables, et surtout placée assez loin des bords pour que les vers exposés à s'en détacher ne tombent pas sur le plancher de la magnanerie, et soient retenus par les tables.

Cette précaution est sans contredit fort utile, car elle contribuera à conserver beaucoup de vers qui seraient entièrement perdus.

Nous n'avons pas besoin de dire et d'expliquer que les vers doivent être placés dans les cabanes proprement et sans litière, et qu'en les ramant il faut faire en sorte de ne pas les meurtrir ou les blesser, car ils ne coconeraient pas ainsi, ou ne feraient qu'un mauvais travail.

Il est essentiel de ne pas mettre dans les cabanes

une quantité de vers plus grande que celle se trouvant sur les tables avant l'opération du ramage, en supposant toujours que les vers soient tenus convenablement et par conséquent assez clair-semés.

Dans cette dernière période de l'éducation, les propriétaires doivent prendre toutes les précautions et les soins nécessaires pour ne pas compromettre la réussite, et s'exposer à perdre ainsi le fruit de leurs travaux et de leurs dépenses.

A cette époque, les vers se vident, se débarrassent de toutes les matières impropres à la confection du cocon; l'humidité est alors nécessairement très-grande; les émanations sont abondantes, et, par conséquent, il est difficile de maintenir la pureté de l'air; cependant, par l'emploi de notre système, l'éducateur se trouve, sous ce rapport, dans de bien meilleures conditions, comme nous l'avons dit, car les vers se vident beaucoup moins, ce qui indique évidemment une meilleure santé.

Néanmoins, quoi que l'on puisse faire, il existe toujours, au moment de la montée, une très-grande humidité et toutes sortes d'émanations.

Pour parer à cet inconvénient, il faudra faire en sorte de tenir toujours l'air légèrement agité dans la magnanerie, et, pour cela, il est plus que jamais nécessaire de le renouveler souvent à l'aide des ouvertures les plus favorables à une aération salutaire.

Beaucoup d'éducateurs, et surtout les femmes, ont la mauvaise habitude de brûler dans les magnaneries des plantes aromatiques ou autres substances du même genre, afin de faire disparaître les mauvaises odeurs qui se trouvent souvent dans les chambrées. Ce système nous paraît très-vicieux et surtout entièrement inutile. Nous croyons qu'il vaut infiniment mieux se servir des feux de flamme, et, sans aucun doute, les résultats seront plus satisfaisants.

La veille, et surtout au moment du ramage, on doit servir aux vers la feuille la plus fine, et surtout celle provenant des sauvageons ou des vieux mûriers qui cependant ne sont point encore décrépits ou malades.

Les vers à soie feront, dans les cabanes, le même nombre de repas qu'à l'ordinaire, c'est-à-dire trois; il sera même prudent de donner moins de feuille et de diminuer successivement la quantité, de telle sorte qu'après vingt-quatre heures les données soient excessivement légères et seulement composées de quelques feuilles.

Les vers n'ont presque plus besoin de nourriture à ce moment, et, dans le cas où ils mangeraient trop, non-seulement ils seraient retardés pour la montée, mais encore ils pourraient devenir malades et même périr.

Il faut plus que jamais prendre des précautions contre l'orage, les éclairs ou le tonnerre ; car toute une éducation peut être compromise par le fait de l'introduction dans la magnanerie d'une trop grande quantité d'électricité.

Il est très-utile d'opérer un délitement, selon le système chinois, le lendemain du ramage ou le sur-lendemain matin. Voici en quoi consiste cette méthode :

On hache grossièrement de la paille ou toute autre plante sèche, puis on la répand sur les vers dans les cabanes, de manière à former une nouvelle couche, sur laquelle arrivent les vers, et où ils se trouvent fort à l'aise ; on sert ensuite un léger repas composé de quelques feuilles.

Ce moyen, simple dans son exécution, facilite beaucoup la montée à la bruyère.

Pendant le jour, la température doit être maintenue, le plus possible, à 18 ou 20 degrés ; mais, pendant la nuit, il ne faut jamais qu'elle s'abaisse au-dessous de 16 degrés.

Une ou plusieurs personnes intelligentes, suivant

l'importance de l'éducation, doivent être employées à rapprocher les vers de la bruyère, à ramasser et replacer ceux qui s'en détachent; c'est là un travail peu dispendieux, mais toujours largement rémunéré par les avantages qu'il procure et par le supplément de récolte qu'il occasionne.

Les vers sont ordinairement montés à la bruyère trente-six ou quarante-huit heures après le ramage, et l'on ne trouve plus dans les cabanes que quelques traînards; il est utile alors de les enlever, comme on le fait assez généralement, de les changer et de les placer ailleurs.

Certains vers, en petite quantité, salis par les autres, faibles ou malades, sont retardataires et très-lents à monter à la bruyère; il faut alors les laver pendant quelques minutes dans l'eau fraîche, puis les exposer au soleil, ou, à défaut de soleil, dans un lieu chaud, jusqu'à ce qu'ils soient bien secs. Après cette opération, on leur donne quelques feuilles, puis on les place dans une corbeille garnie de broussailles, de bruyère, de paille, ou bien simplement sur des papiers recouvrant des plantes sèches de colza, de haricots, etc.; mais, dans tous les cas, il faut prendre des précautions pour que ces vers, ainsi placés, ne trouvent pas une issue par laquelle ils puissent s'échapper: sans cela, la plupart abandonneraient leur retraite et ne feraient pas de cocons.

Dès que les vers sont montés à la bruyère, et qu'ils commencent à s'envelopper dans leur soie, il convient de nettoyer les cabanes et de faire disparaître la litière. Cette opération sera faite avec beaucoup de soins et de précautions, car il ne faut en aucune façon déranger les vers dans leur travail.

Il est utile de continuer à renouveler l'air deux ou trois jours après la montée des vers et jusqu'à ce que les cocons soient terminés.

La température sera aussi maintenue au même degré, et l'on fera usage des feux de flamme.

En agissant ainsi, les cocons seront achevés dans de bonnes conditions et seront par conséquent bien meilleurs.

Il convient de déramer quatre ou cinq jours après le montée des derniers vers. Les cocons que l'on désire vendre ne doivent pas rester à la bruyère plus de huit jours ; à partir de ce moment, la chrysalide sèche, diminue de poids, de volume, et, sans aucun doute, il en résulterait des pertes sérieuses pour l'éducateur.

On peut sans crainte laisser plus longtemps à la bruyère les cocons que l'on veut faire filer soi-même: car c'est là qu'ils se trouvent le mieux.

CHAPITRE XVII.

MOTIFS POUR LESQUELS IL FAUT AGIR COMME ON VIENT DE
L'INDIQUER DANS LE CHAPITRE PRÉCÉDENT.

I.

Nécessité de placer les vers rapidement à la bruyère lorsqu'ils sont en maturité.

La perte provenant du retard que l'on met à placer les vers à la bruyère, lorsqu'ils sont en maturité, peut être considérable. Ces animaux ont besoin de se débarrasser de la matière soyeuse qu'ils contiennent ; ils ne peuvent donc attendre sans danger, car chaque heure de retard leur cause un état de gêne et d'affaiblissement ; ils deviennent alors plus sensibles et leur vigueur disparaît peu à peu ; le moindre accident, même sans gravité, les affecte. La quantité de cocons est, dans ce cas, nécessairement inférieure, et beaucoup de vers périssent sans en produire, car ils deviennent courts et sont étouffés par la soie. Il il est donc très-important de ne pas les faire attendre et de les placer dans les cabanes aussitôt qu'ils sont parvenus à l'état de maturité.

II.

Inconvénients provenant des cabanes trop vastes ou trop étroites, et de la trop grande quantité de vers que l'on y place.

Les cabanes ne doivent être ni trop vastes ni trop étroites. Dans le premier cas, les vers sont trop éloignés de la bruyère et, par conséquent, sont bien moins excités à monter, s'ils sont surtout trop épais ; ils se trouvent ainsi en quelque sorte induits en erreur par la masse des autres vers qui les entourent.

Ce fait instinctif que nous indiquons peut paraître assez extraordinaire au premier abord ; mais, si l'on veut observer avec attention, on s'aperçoit bien vite qu'il y a quelque chose de vrai.

En effet, que l'on place dans dix cabanes, même assez vastes, le contenu d'une seule, malgré les distances, les vers seront plutôt montés que ceux laissés dans une seule cabane ; la différence sera quelquefois de vingt-quatre heures.

Dans le second cas, c'est-à-dire lorsque les cabanes seront trop étroites, les difficultés pour distribuer la feuille et pour faire disparaître la litière deviennent très-grandes ; on dérange alors les vers dans leur travail. D'un autre côté, l'air ne circule pas d'une façon suffisante, et ces insectes se trouvent dans de mauvaises conditions.

Comme nous l'avons dit, il faut éviter avec soin de tenir les vers trop épais dans les cabanes ; malheureusement, la plupart des éducateurs font ordinairement le contraire. Excités par un amour-propre bien nuisible à leurs intérêts, ils veulent que les bruyères soient bien garnies de cocons, et placent à cet effet dans les cabanes deux fois plus de vers qu'elles ne peuvent en contenir.

Plus on veut avoir de cocons à la bruyère, moins il faut en quelque sorte placer de vers dans les cabanes, car alors les cocons sont meilleurs, et les vers ne périssent qu'en très-petite quantité.

Pour se trouver dans des proportions salutaires

et convenables, il ne faut pas placer sur une table garnie de bruyères plus de vers que cette table ne devait et ne pouvait en contenir avant le ramage. C'est là ce que l'on appelle ramer table par table. On verra bien alors que la bruyère est suffisamment garnie ou coconnée.

Nous devons supposer, en parlant ainsi, que les éducations ont été bien conduites; car, sans cela, on retomberait dans les mêmes inconvénients.

III.

Moyens pernicieux employés pour faire disparaître la mauvaise odeur dans les magnaneries.

Nous ne pouvons approuver les divers moyens assez généralement mis en usage dans les magnaneries, sous prétexte de faire disparaître la mauvaise odeur; loin de diminuer le mal, ces prétendus remèdes ne feront que l'aggraver.

L'odeur plus ou moins agréable, provenant des plantes aromatiques ou de toute autre substance en combustion, ne produit en aucune façon l'effet sur lequel on compte; c'est là un simple palliatif propre à déguiser, à masquer la mauvaise odeur; c'est là une nouvelle cause d'impureté qui, loin de contribuer à rendre l'air plus pur, doit le rendre au contraire plus vicié et plus délétère.

Les feux de flamme remplissent sans contredit bien mieux le but que l'on veut atteindre. Le feu est un des meilleurs moyens de purification dans les lieux où l'air peut se renouveler sans cesse.

Il est inutile d'observer qu'à l'époque du ramage on doit prendre les plus grandes précautions relativement au feu.

Il est plus convenable de faire les feux de flamme à la main en marchant à reculons; on voit ainsi beaucoup mieux comment marche l'opération à laquelle on se livre, qui devient alors moins dangereuse.

———

IV.

Nombre de repas dans les cabanes.

Les repas servis dans les cabanes seront peu copieux et en petit nombre; car, à ce moment, les vers n'ont presque plus besoin de nourriture, afin qu'ils se débarrassent avec facilité de tout ce qui peut nuire au travail qu'ils vont entreprendre.

Il est bien reconnu, et nous nous en sommes
d'ailleurs rendu compte par des expériences, que
beaucoup de vers prêts à monter à la bruyère mangent quelquefois encore avec voracité, se gorgent
outre mesure et périssent ainsi sans donner des cocons.

Ce fait se produit surtout lorsque les repas sont
trop nombreux, sont trop abondants, et voici dans
quelles circonstances :

Un ver ayant suffisamment mangé pour faire son
cocon, ne monte pas toujours immédiatement à la
bruyère, soit parce qu'il est en train de digérer, de
se vider, soit pour toute autre cause : mais voilà qu'on
lui sert un repas au moment où il se dispose à prendre la bruyère, il est arrêté dans sa marche, il est
en même temps excité par l'odeur de la feuille fraîche ; il peut se faire qu'il la goûte, ce qui l'oblige à
recommencer son travail de digestion et d'élabora-
tion toujours plus difficile et plus long. Qu'un repas
le surprenne lorsque, de nouveau, il se trouve dans
de bonnes conditions pour opérer la montée, les
mêmes faits se produisent encore, et ainsi de suite
jusqu'à ce que, totalement dérangé, gorgé de nourriture, il ne soit plus en état de faire son cocon.
L'état maladif lui inspire alors un désir déréglé, une
fureur de manger qui le conduit bientôt à la mort.

Les repas moins répétés ne donnent pas si souvent lieu à ces accidents, et, par conséquent, présentent moins de dangers.

Il existe à ce sujet un préjugé bien répandu dans nos campagnes : la plupart des éducateurs prétendent que lorsque le moindre brin de nourriture, une bouchée enfin, si l'on peut s'exprimer ainsi, manque au ver, ce dernier ne peut faire son cocon ; il descend même, dit-on, de la bruyère, dans le cas où son instinct ne l'a pas poussé à manger tout ce dont il avait besoin.

C'est là un sot préjugé, un fait erroné que nous pouvons victorieusement combattre. Les expériences auxquelles nous nous sommes livré pourront être répétées par tous, et établiront d'une manière suffisante l'erreur grossière dans laquelle tombent les éducateurs.

Le huitième jour du cinquième âge, c'est-à-dire avant le ramage, nous avons pris cinquante vers à peu près égaux, et, sans faire aucun choix, nous les avons divisés en deux lots égaux que nous avons placés séparément dans un panier asez vaste à deux compartiments. Nous avions ainsi vingt-cinq vers de chaque côté.

Nous avons fermé le côté droit de manière à ce

que les vers ne pussent pas abandonner leur retraite, et nous les avons laissés tout-à-fait sans nourriture.

Nous avons servi, comme d'habitude, trois repas aux vers placés dans le compartiment de gauche. Nous avons cessé toute distribution de feuilles lorsque nous avons vu qu'ils étaient en travail pour faire leurs cocons, ce qui est arrivé dans la soirée du même jour pour deux ou trois, le lendemain pour une grande partie, et le surlendemain pour la totalité. Nous avons alors fermé ce compartiment comme nous l'avions fait pour celui de droite. Enfin, au bout de huit jours, nous avons ouvert les deux parties du panier, et nous avons pu faire les observations suivantes :

Dans le compartiment de droite, destiné aux vers n'ayant pas reçu la plus légère nourriture depuis leur emprisonnement, nous avons trouvé un ver mort, un cocon mauvais ou *cafaynon*, deux cocons mal conformés, et vingt-un assez beaux.

Dans le compartiment de gauche, contenant des vers auxquels nous avions servi des repas comme à l'ordinaire, nous avons trouvé deux vers morts, deux cocons mauvais, un double et dix-neuf cocons de qualité à peu près semblable à celle des vingt-un premiers

La différence de qualité et de poids n'était pas

sensible, de telle sorte que l'on ne savait auxquels donner la préférence.

Nous avons encore poussé plus loin nos expériences, et nous craindrions de fatiguer nos lecteurs en les relatant toutes ici; cependant, nous devons relever de toutes nos forces l'erreur accréditée que nous venons de signaler, et démontrer ainsi combien sont fausses et peu fondées une multitude d'opinions qui se perpétuent et se débitent de tous les côtés au sujet de l'éducation des vers à soie.

Nous ajouterons que non-seulement on peut avoir de bons cocons avec des vers auxquels il manque un brin de nourriture, mais nous nous faisons fort d'en obtenir avec des vers n'ayant même mangé que quatre à cinq jours après la quatrième mue.

Nous ne prétendons pas assurément que ces cocons soient d'aussi bonne qualité que les autres produits par des vers arrivés à l'état de maturité, et cela se conçoit aisément.

Nos assertions reposent sur un grand nombre d'expériences et doivent être concluantes pour tous les éducateurs habitués à la réflexion.

Souvent les hommes les plus savants et les plus profonds se trompent et commettent des erreurs au sujet de certains faits simples et faciles à vérifier ;

comment n'en serait-il pas ainsi pour le vulgaire,
lorsqu'il s'agit surtout de questions ardues ?

Citons un exemple :

Le célèbre et honorable comte Dandolo, cet auteur
italien qui, de son temps, était passé maître dans
l'art séricicole, et qui, même aujourd'hui, est consi-
déré comme une des meilleures autorités, exprime
cette opinion dans son ouvrage :

« On pourrait dire, *sans crainte d'erreur*, qu'il y
« a peu de vers à soie qui, dans tout le cours de
« leur existence, excepté le cas ci-dessus indiqué [1],
« aient parcouru une distance de plus de trois
« pieds. »

Le savant docteur Pitaro, son compatriote et son
contemporain, a corroboré cette opinion.

Nous pouvons démontrer clairement que ces sa-
vantes assertions sont tout-à-fait dénuées de fonde-

---

[1] Voici les cas prévus par le comte Dandolo : « La qua-
« lité la plus précieuse du ver à soie, pour nous, est de ne jamais
« abandonner la feuille, c'est-à-dire l'endroit où on la dépose,
« et cela, quand il serait même affamé. Cet insecte ne rôde
« qu'au moment de sa naissance, c'est-à-dire avant d'avoir la
« feuille du mûrier; lorsqu'il a cessé de manger et qu'il est
« mûr, ne sentant alors que le besoin de filer ou de verser la
« soie ; quand il est atteint de quelque maladie. Ces trois cas
« exceptés, on ne le verra pas sortir de la table, ni même passer
« d'une extrémité de la table à l'autre. »

ment. Nous sommes loin de penser que les vers ne parcourent pas, pendant leur vie, une distance de plus de trois pieds, car nous avons la certitude que les vers parcourent chaque jour des distances beaucoup plus grandes, et certes une semblable expérience n'est pas difficile à faire.

Prenons à cet effet un ver d'une couleur différente et plaçons-le sur un point quelconque d'une table, on verra bien vite, le soir ou le lendemain, que ce ver a parcouru les diverses parties de la table, et on le rencontrera à deux ou trois mètres de distance du point où il avait été placé. Nous avons même remarqué, et cela assez souvent, que des vers placés sur des tables réunies sur une longueur de plus de 15 mètres, se trouvaient, le lendemain ou le surlendemain, soit au milieu, soit au bout opposé; il fallait donc bien alors qu'ils eussent parcouru une distance de plus de trois pieds.

Le comte Dandolo et beaucoup d'autres ont été probablement induits en erreur sur ce fait, à cause du volume et de la couleur donnant à tous les vers une parfaite ressemblance; d'un autre côté, ces insectes marchent lentement, sans trop s'écarter les uns des autres, ce qui fait supposer, au premier abord, qu'ils occupent toujours la même place, mais c'est là une erreur que nous avons démontrée bien suffisamment ; tous les éducateurs pourront d'ailleurs , sur ce point, acquérir une certitude en faisant l'expérience que nous venons d'indiquer.

Il faut absolument pratiquer , et pratiquer longtemps, pour être expert en matière de sériciculture, et surtout observer beaucoup, avec la plus grande attention. Dans le cas contraire , une multitude de faits échappent à l'éducateur qui avance alors les choses le plus souvent erronnées.

VI.

Nettoyage des cabanes.

Aussitôt que les vers sont en partie enveloppés dans leur soie , ils ne courent plus le danger de tomber du haut de la bruyère ; il devient alors important de nettoyer les cabanes.

Cette opération exerce une grande influence sur la qualité des cocons ; les vers se trouvent ainsi dans de meilleures conditions d'aération ; ils ne sont pas affectés par l'humidité et les émanations délétères d'une litière en fermentation ; nécessairement alors ils finissent mieux leurs cocons dont la conformation est meilleure; par suite, le dévidage s'opère avec plus de facilité et, par conséquent, avec moins de perte pour le filateur.

La chrysalide est en même temps plus saine, le papillon plus vigoureux et les œufs présentent des garanties plus sérieuses.

Bien des éducateurs négligent ces précautions; quelques-uns même paraissent n'y attacher aucune importance. Ils croient, malheureusement, qu'en laissant le cocon sous l'influence pernicieuse de la litière, le poids est plus considérable et que, par conséquent, il y a profit pour eux à agir de la sorte.

C'est là une funeste erreur, une manie tout-à-fait déplorable, et certainement tous ceux qui voudront bien conduire leurs éducations d'après notre système, trouveront un avantage réel dans l'application de cette méthode avant tout rationnelle.

Pendant les sept à huit jours qui suivront la montée, la perte sur le poids des cocons est pour ainsi dire nulle, car la crysalide n'a pas eu le temps encore de se dessécher; mais cependant il est dangereux de les laisser plus longtemps à la bruyère; car, sans aucun doute, la pesanteur diminuerait chaque jour.

Du reste, les cocons seraient ainsi d'une qualité

tout-à-fait inférieure, et nous ne craignons pas de dire qu'il y aurait déloyauté à se comporter de la sorte, l'éducateur dût-il en retirer un bénéfice quelconque.

Nous trouvons, dans ce défaut de nettoyage des cabanes, une cause majeure de dégénérescence, et, certes, nous devons croire que l'état permanent de fermentation et de moisissure de la litière, sous l'influence duquel se trouvent les vers, a certainement contribué à cette crise de la sériciculture, à cette dégénérescence qu'il faut combattre, et à laquelle nous devons opposer toutes les précautions possibles.

CHAPITRE XVIII.

ÉDUCATION RÉGÉNÉRATRICE ET PARTICULIÈRE POUR OBTENIR DE LA BONNE GRAINE.

Nous avons indiqué les principales causes auxquelles il faut attribuer la dégénérescence des vers à soie ; nous devons donc chercher ici tous les moyens possibles pour ne pas tomber dans les abus signalés, ou bien nous tournerions dans un cercle vicieux, sans jamais en sortir. Nous verrions d'année en année, se reproduire les désastres les plus sérieux, les plus graves, et peut-être même aurions-nous à déplorer la ruine totale de la sériciculture.

Si nous faisons, au contraire, tous nos efforts pour régénérer l'espèce, si nous pouvons, en quelque sorte, revenir aux temps primitifs et donner de nouveau aux vers cette essence de vitalité, cette constitution robuste détruite en partie par des soins mal compris, par des précautions inutiles, par un excès de civilisation introduit dans l'éducation, par des méthodes compliquées et irrationnelles, nous aurons rendu un vrai service à l'industrie séricicole.

Nous allons donc entrer dans quelques détails au sujet des éducations régénératrices ; nous allons mettre au grand jour les observations auxquelles nous nous sommes livré, car tout homme doit à son pays le résultat de ses recherches.

Les éducateurs qui voudront obtenir, dans les meilleures conditions, des œufs propres à la régénérescence des vers à soie, et voir ainsi renaître les beaux jours de la sériciculture, devront suivre les procédés suivants :

Nous avons dit au chapitre III, relatif à la construction des magnaneries, que tout éducateur devait avoir à sa disposition un petit local séparé, se trouvant dans les meilleures conditions d'aération, de chauffage, un local enfin propre à faire une éducation régénératrice.

Il faudra placer au milieu de cet appartement, non des tables ordinaires, mais deux ou trois cadres en fil de fer, suivant l'importance de l'éducation, ou bien des filets ordinaires, des grillages en corde, en roseau, en osier, etc. Ces espèces de claies seront disposées de la même façon que les tables, et placées à la portée de la main, de manière à ce que les moins élevées soient encore au moins à un mètre au-dessus du sol. Ces cadres resteront tout à fait à nu et ne seront nullement recouverts avec du papier ou tout autre objet.

Lorsque les vers d'une chambrée auront accompli la deuxième mue, et qu'ils seront par conséquent au troisième âge, l'éducateur choisira dans les tables les vers qu'il voudra destiner à la confection de la graine ; mais il faut pour cela que l'éducation se trouve dans les meilleures conditions sous tous les rapports.

Pour faire une once de graine, on prendra environ trois cents vers, et, par suite, autant de fois ce nombre que l'on voudra obtenir de fois trente-un grammes de graine, soit une once.

Dans le but de simplifier cette opération longue et ennuyeuse, les éducateurs compteront d'abord trois cents vers ; puis, en voyant l'espace occupé par cette quantité, ils prendront approximativement ce dont ils ont besoin. Inutile de dire qu'il vaut toujours mieux augmenter la quantité, afin de ne pas éprouver une fâcheuse déception.

Ces vers seront enlevés à l'aide des papiers-filets et placés séparément sur des tables quelconques.

Les repas se composeront de rameaux ou tiges de mûrier de toute longueur, coupés sur l'arbre à cet effet, et lorsque les vers auront grimpé sur ces rameaux pour prendre la nourriture dont ils ont besoin, on les transportera avec beaucoup de soin dans le local dont nous avons parlé, et on les placera au milieu du cadre ou grillage le plus élevé.

Cette opération sera répétée jusqu'à ce que tous les vers destinés à la confection de la graine soient à côté les uns des autres ; et, dans le cas où le premier grillage, c'est-à-dire le plus élevé, ne suffirait pas, on les place au-dessous, sur le second, et ainsi de suite.

A partir de cette époque, les repas des vers ne doivent être composés que de rameaux ou tiges, comme nous l'avons déjà indiqué ; on pourra même leur servir des baguettes ou des petites branches que l'on posera toujours délicatement sur les premières, de façon à ne pas blesser ces insectes.

Ces repas ne doivent pas être trop copieux, et ne

dépasseront pas le nombre de trois par jour ; il faudra d'ailleurs avoir bien soin de ne pas donner de nouvelles branches ou tiges avant que la feuille des premières ne soit entièrement mangée. Il pourrait ainsi arriver que les vers eussent besoin seulement, pendant tout le cours de l'éducation, de deux repas par jour, servis l'un au soleil levant, l'autre au soleil couchant, mais toujours avant la nuit.

Dans cette situation, les vers grimpent de branche en branche pour atteindre leur nourriture ; les excréments traversent le grillage et tombent sur le plancher, d'où l'on pourra facilement les faire disparaître.

Ces insectes se trouveront ainsi dans les meilleures conditions d'aération et de propreté ; ils seront en quelque sorte dans la même position qu'à l'état naturel, et leur vigueur sera nécessairement plus forte et plus puissante. Peu de vers tomberont sur le plancher, excepté les morts et les malades, ce qui ne sera point un mal.

La température sera maintenue à 18 degrés ; mais, pour les âges suivants, on fera bien de se tenir dans les limites de 20 degrés environ pendant le jour, et de 16 degrés pendant la nuit.

L'air doit être renouvelé comme pour les éducations ordinaires, et même davantage si c'était possible : il est donc inutile de revenir sur ce point.

La chaleur nécessaire devra être maintenue seulement au moyen des feux de cheminée. Dans le cas cependant où l'on ne pourrait se conformer à cette prescription, et où l'on serait obligé de se servir d'un poêle, il faudrait le placer loin des vers, de façon à ce que la chaleur n'arrive pas trop directement sur eux; mais alors l'air doit être renouvelé avec plus de soin, et de manière à ce qu'il ne devienne ni trop délétère ni trop sec.

Comme nous l'avons observé, on n'oubliera pas de placer sur le poêle un vase quelconque rempli d'eau, et l'on aura bien soin, vers la fin de la soirée, après les derniers repas, de diminuer le feu du poêle de manière à ce que la température ne puisse s'élever au-dessus de 16 degrés pendant la nuit.

D'ailleurs, toutes les autres prescriptions indiquées pour les éducations ordinaires devront être suivies avec exactitude et surtout avec intelligence.

Au fur et à mesure que les vers augmentent de volume, on devra écarter les tiges, afin de leur donner un espace plus considérable, dans lequel ils puissent se mouvoir largement et tout à leur aise. Du moment où nous indiquons une éducation spéciale, il ne faut pas craindre de tenir les vers beaucoup plus espacés qu'on ne le fait ordinairement.

Il peut arriver que les rameaux se trouvent en

trop grande quantité sur les grillages ; dans ce cas, la veille ou l'avant-veille de la mue, on placera ceux sur lesquels se trouvent les vers sur le grillage voisin, et on enlèvera les autres que l'on transportera hors de la magnanerie.

Les délitements se feront de cette façon pendant tout le cours de l'éducation, et, pour les rendre moins fréquents, on tâchera de placer les rameaux de telle façon que les excréments puissent facilement traverser les grillages et tomber sur le plancher, que l'on balaye une ou deux fois par jour.

Dans le cas où quelques vers se détacheraient des rameaux, on aurait bien soin de les y replacer.

Nous le voyons, les vers accompliront ainsi leur mue de la même manière qu'à l'état naturel, car ils se fixeront et s'endormiront sur des branches.

Les rameaux ne devront cependant pas être tellement rapprochés, que les vers ne puissent pas suffisamment s'écarter les uns des autres, car alors ils se trouveraient presque tous vers le centre du cadre, ce qui serait un inconvénient.

Les vers, ainsi élevés, ainsi soignés, provenant d'une chambrée saine, deviendront chaque jour plus beaux et plus vigoureux que les autres, et, sans aucun doute, la mortalité sera proportionnellement beaucoup moins considérable.

Vers le huitième jour du cinquième âge, au moment de la montée, au lieu de construire des cabanes, on se contentera de placer quelques rangées de bruyères, de broussailles, de colza ou de paille, etc., à une distance d'environ 30 à 40 centimètres les unes des autres.

Pour ne pas déranger les vers ou les blesser, ces bruyères seront, bien entendu, couchées et légèrement croisées les unes sur les autres, de façon à ce que ces insectes puissent facilement s'introduire à l'intérieur et y placer leurs cocons.

CHAPITRE XIX.

Le nouveau mode d'éducation que nous venons
d'indiquer pour obtenir des vers sains et vigoureux
réunit toutes les conditions désirables pour faire de
la bonne graine et régénérer l'espèce. Ce système,
simple dans son ensemble, amènera les meilleurs
résultats, et nous pouvons même dire des résultats
surprenants.

Tout éducateur, donc, qui voudra obtenir tous les
ans une bonne réussite devra suivre nos instructions
à cet égard.

I.

Le troisième âge et le plus favorable pour commencer une éducation régénératrice.

Il est convenable de prendre dans les chambrées les vers au troisième âge pour les soumettre à la méthode que nous venons d'indiquer, et pour faire ainsi une éducation régénératrice.

A cet âge, les vers, conduits par nos procédés, n'ont point encore souffert par le fait de l'agglomération, et, par conséquent, n'ont point encore été exposés aux dangers et aux accidents que l'on rencontre en plus grand nombre à la fin des éducations, et qui ont si fortement contribué à la dégénérescence; d'un autre côté, les vers ne demandent pas, à cet âge, d'aussi grands frais de chauffage, et réclament des soins beaucoup moins minutieux; par conséquent, ces sortes d'éducations sont à la portée d'une plus grande quantité de propriétaires.

Nous sommes loin de penser cependant qu'une éducation régénératrice, conduite selon le procédé ci-dessus indiqué, depuis la naissance du ver jusqu'à la montée, ne soit préférable à celle commençant seulement au troisième âge; mais nous donnons cette indication dans le seul but de faciliter les propriétaires, et, par conséquent, de généraliser davantage le système.

Nous conseillons, d'ailleurs, aux éducateurs qui ont à leur disposition une magnanerie d'une certaine importance, et qui, par conséquent, doivent avoir besoin d'une grande quantité de graine, de faire toute l'éducation selon notre méthode, c'est-à-dire, de commencer la séparation des vers à leur naissance, et de prendre, à cet effet, ceux provenant des meilleures éclosions : nécessairement alors, il faudra se servir, dès le début, de rameaux beaucoup moins lourds.

On pourrait aussi faire éclore la graine pour cette éducation particulière ; dans ce cas, un quart d'once d'œufs suffirait pour obtenir environ vingt onces de graine.

II.

Quantité de vers choisis pour une once de graine.

Nous avons dit que la confection d'une once de graine demandait environ trois cents vers ; évidemment ce n'est là qu'un chiffre approximatif ; car, selon les circonstances, le produit sera plus ou moins abondant.

Lorsqu'une éducation régénératrice marche bien, ce chiffre est incontestablement trop élevé ; car, en moyenne, 240 cocons pèsent un demi-kilogramme, et donnent ordinairement une once et demie de graine. Dans tous les cas, il vaut mieux avoir à sa disposition une quantité de cocons plus que suffisante, propres à obtenir les œufs que l'on désire ; il n'y a d'ailleurs aucun inconvénient à agir de la sorte, puisque les cocons ainsi obtenus seront meilleurs que ceux provenant des éducations ordinaires.

Nous pouvons faire le même raisonnement relativement au quart d'once de graine dont nous avons parlé ci-dessus, auquel nous avons attribué un rendement d'environ vingt onces de graine.

III.

Nombre des repas.

Nous prescrivons très-rigoureusement de ne pas servir aux vers plus de trois repas, et surtout de ne pas leur donner de nouveaux rameaux avant qu'ils n'aient entièrement mangé ceux qui sont déjà en leur pouvoir, ne dût-on même ne donner parfois qu'un seul repas par jour.

Cette prescription est d'une haute importance, et l'on devra, par conséquent, s'en écarter le moins possible, car les vers seraient alors exposés à perdre leur santé, leur vigueur et ne monteraient pas aussi facilement sur les rameaux.

IV.

Le ramage.

La construction des cabanes présenterait des difficultés et des dangers pour les vers destinés aux éducations régénératrices, tandis que le mode indiqué ci-dessus est simple, facile et ne présente aucun embarras ; ces animaux seront plus à l'aise et se logeront plus facilement dans ces rangées de bruyères couchées et croisées les unes sur les autres, que dans les cabanes.

Au moment où l'on placera les bruyères, il se trouvera nécessairement encore sur les grillages une certaine quantité de tiges de mûrier qu'il serait impossible d'enlever, puisqu'elles seront garnies de vers ;

ces tiges ne causeront aucun embarras et seront au
contraire utiles; elles supporteront la bruyère et feront
même partie du ramage, car plusieurs vers y prendront place pour faire leurs cocons.

V.

Chauffage

Les feux de cheminée seront préférables à ceux
des poêles, parce que l'air devient ainsi moins sec
et moins délétère; cependant, on pourrait tout de
même, au besoin, se servir d'un poêle, mais il
faudrait, dans ce cas, prendre beaucoup plus de
précautions.

VI.

Avantages du système ci-dessus indiqué.

Les éducateurs qui voudront suivre avec exactitude
et intelligence la méthode que nous avons donnée
pour les éducations régénératrices, seront surpris de
la beauté et de la vigueur des vers; ce qui indique.

14

incontestablement, des résultats heureux et surtout avantageux.

Nous pouvons parler avec connaissance de cause des éducations à l'état naturel, c'est-à-dire sur les mûriers, dont se sont beaucoup occupé les sériciculteurs dans ces temps derniers. Nous avons fait à cet égard toutes sortes d'expériences.

Ce procédé est bon, nous en convenons avec d'autant plus de raison, que depuis longtemps nous ne cessons de prôner et de mettre en pratique les principes basés sur la nature; mais nous pensons avec conviction que notre système doit être préféré à ceux dont on a fait usage jusqu'à ce jour, car nous conservons tous les avantages des éducations naturelles, et nous laissons de côté les inconvénients nombreux, les difficultés presque toujours insurmontables inhérentes aux éducations en plein vent.

D'ailleurs, trouvera-t-on beaucoup d'éducateurs disposés à suivre ces éducations sur les mûriers, difciles et minutieuses? Cette tâche ne pourrait être attribuée qu'à un petit nombre d'amateurs; les résultats alors n'auraient pas une grande portée, et les avantages immédiats ne seraient pas généraux; la régénérescence se ferait avec une lenteur désespérante; les abus que nous avons signalés continueraient à causer de grands ravages, à propager les désastres que nous avons déjà subis, et qui pourraient encore devenir plus terribles et plus sérieux.

Notre procédé, simple dans sa pratique, peut être immédiatement mis en usage partout, et arrêter plutôt dans leur marche rapide les progrès de la dégénérescence que nous déplorons.

Notre méthode d'éducation se pratiquerait, d'ailleurs aussi, sans inconvénient, sur une grande échelle, et produirait des résultats très-prompts sur l'ensemble des graines obtenues. Il faudrait, à cet effet, de très-vastes magnaneries; mais, à coup sûr, les difficultés seraient toujours moins grandes que celles occasionnées par des éducations en plein vent sur des mûriers.

Si la plupart des éducateurs voulaient bien se convaincre de l'utilité de notre système, et suivre avec exactitude les procédés décrits ci-dessus, incontestablement, d'ici à quelques années, les vers à soie entreraient dans une phase nouvelle de régénérescence, et l'industrie séricicole reviendrait à un état prospère et florissant.

C'est là notre conviction, c'est là notre certitude, et nous voudrions la voir partagée par tous les hommes intelligents, par tous les éducateurs qui veulent revenir à une situation meilleure et plus normale.

CHAPITRE XX.

CONFECTION DE LA GRAINE.

L'opération de la confection de la graine est délicate et de la plus haute importance. Généralement les œufs sont obtenus dans de mauvaises conditions parce que l'on ne procède pas d'une façon convenable.

De nombreuses causes de dégénérescence se produisent dans le cours des éducations, par suite des traitements anti-naturels auxquels sont soumis les vers à soie.

La mauvaise confection de la graine doit aussi, de son côté, produire de graves complications et conduire à une dégénérescence plus rapide et plus complète.

Sans entrer ici dans des détails inutiles, relatifs aux diverses méthodes préconisées pour la fabrication de la graine, nous allons donner les procédés que nous croyons les meilleurs et qui reposent, tout aussi bien que notre système général, sur les principes les plus simples et les plus naturels.

Les cocons provenant d'une éducation régénératrice ou de toute autre, doivent rester à la bruyère le plus longtemps possible, douze à quinze jours au moins ; les cocons obtenus au moyen d'une éducation particulière ne seront enlevés que la veille ou l'avant-veille de la naissance du papillon, c'est-à-dire le dix-huitième ou le dix-neuvième jour après la montée (1).

Les cocons seront toujours tenus très-proprement à la bruyère, et l'on aura bien soin d'enlever tout ce qui pourrait être contraire à cet état de propreté.

---

(1) Les éducateurs qui ne se livreront aux éducations régénératrices que pour obtenir deux ou trois onces de graine feront bien de laisser les cocons à la bruyère pendant tout le temps de la sortie des papillons, qui seront ensuite pris avec beaucoup de précautions, de soins et placés séparément, à cette fin d'obtenir la graine suivant les règles que nous tracerons dans ce chapitre. Nous n'avons pas encore, à ce sujet, une opinion nettement formulée dans notre esprit pour engager tous les éducateurs à agir de la même façon lorsqu'ils se livrent à ce travail sur une grande échelle. Nous voulons, sur ce point, continuer de nouvelles expériences et savoir s'il ne conviendrait pas mieux de prendre toujours les papillons à la bruyère.

L'air de la chambrée sera continuellement renouvelé ; à cet effet, on laissera les fenêtres presque constamment ouvertes, sans excepter la nuit, lorsque la température extérieure sera favorable. Il faudrait agir ainsi lors même que cette température serait au-dessous de 20 degrés le jour, et de 12 degrés la nuit ; car il convient que les cocons se trouvent tout-à-fait directement sous l'influence atmosphérique extérieure.

Le dix-huitième ou le dix-neuvième jour après la montée des vers, on enlèvera les cocons de la bruyère pour les débourer et les choisir convenablement.

Les cocons provenant d'une éducation particulière et régénératrice sont tous généralement beaux ; cependant, il sera bon de séparer ceux qui ne paraissent pas sains et bien conformés.

Dans aucun cas, les doubles ne doivent être employés à la confection de la graine.

Après avoir fait ce premier choix portant seulement sur la qualité, l'éducateur devra encore mettre d'un côté les cocons contenant, selon toute probabilité, des papillons mâles, et de l'autre, ceux propres à donner naissance à des papillons femelles.

On distingue ordinairement ces deux espèces aux signes suivants :

Les cocons contenant les papillons mâles sont un peu petits, bien conformés, resserrés ou étranglés vers le milieu; le fil ou le grain est fin; ceux, au contraire, contenant les papillons femelles sont plus gros, plus irrégulièrement conformés; ces cocons ne sont pas déprimés vers le milieu, et sont comparativement d'un poids plus grand.

Cependant, ces signes distinctifs ne sont pas tellement précis qu'il soit possible de ne jamais commettre d'erreur, mais ils sont néanmoins suffisants pour que l'on puisse établir une séparation à peu près exacte entre les mâles et les femelles.

On place ensuite les cocons, ainsi choisis, sur un cadre ou grillage en fil de fer, semblable à ceux dont on se sert pour les éducations; on le recouvre d'une bande de papier sans fin, ou mieux encore de filets en papier; on place alors les mâles d'un côté, les femelles de l'autre, en les tenant à une distance assez éloignée, tout en ayant bien soin de placer les cocons par couches faibles, et de manière à ce qu'ils ne se trouvent pas les uns sur les autres.

Vers le vingtième jour environ après la montée des vers, on reconnaîtra que les papillons sont sur le point de naître, à un bruissement qu'ils produisent en grattant à l'intérieur du cocon, bruissement facile à entendre lorsque l'on veut prêter une oreille attentive.

D'un autre côté, les cocons sont mouillés à l'un des bouts quelques heures avant la sortie du papillon. On peut encore remarquer certains papillons avant-coureurs, dont la naissance précède quelquefois de un ou deux jours celle de tous les autres.

Il n'est pas nécessaire, à ce moment, de tenir l'appartement dans l'obscurité, comme on le prescrit assez généralement ; il vaut certes mieux laisser pénétrer à l'intérieur non-seulement l'air libre et la clarté du jour, mais encore les rayons bienfaisants du soleil.

Au fur et à mesure que les papillons sortent du cocon, ce qui arrive ordinairement au soleil levant, les mâles et les femelles, mélangés, seront séparés les uns des autres jusqu'au moment du soleil couchant ; alors les papillons des deux sexes sont réunis par l'accouplement qui s'opère de lui-même, car les papillons ainsi obtenus seront robustes, vigoureux et alertes.

Le lendemain matin, sans interrompre l'accouplement, les papillons seront placés au linge sur lequel ils doivent pondre la graine.

Les papillons d'un sexe différent se mélangent

quelquefois accidentellement, et s'accouplent dans la matinée de leur sortie du cocon ; ces papillons devront être placés sur le linge destiné à la ponte seulement dans la soirée, un peu avant la nuit.

Les mâles tomberont du linge naturellement après la fécondation, et les femelles seront enlevées environ vingt-quatre heures après.

Telle est en résumé la méthode simple et facile qu'il faut employer pour obtenir la graine dans les meilleures conditions.

Pendant tout le temps employé à la sortie du papillon, à l'accouplement et à la ponte de la graine, l'air doit être renouvelé le plus possible et circuler librement dans la chambrée, en ayant soin de tenir les fenêtres et les soupiraux presque constamment ouverts.

Trois ou quatre jours après la ponte, les œufs auront acquis une teinte gris violacé, qui est leur couleur normale et indique leur état de perfection.

Huit à dix jours après, les linges sur lesquels les œufs ont été pondus seront trempés dans un vase rempli d'eau fraîche, pendant deux ou trois minutes, ainsi que nous l'avons dit au chapitre IV. Ces linges seront ensuite étendus dans un lieu où les fenêtres

seront ouvertes, ce qui produira un air frais et agité,
de telle façon que les graines puissent sécher convenablement.

Lorsque le local dans lequel les œufs ont été obtenus n'est habité par personne, et que l'on n'y fait
point de feu, la graine peut y être conservée dans de
bonnes conditions ; à cet effet, les linges sont suspendus et étendus le long des murailles, et de façon
surtout à ce qu'ils ne soient pas exposés à l'atteinte
des rats.

Pendant le mois d'octobre, ces linges seront de
nouveau trempés dans l'eau fraîche quelques minutes,
et l'on prendra toutes les précautions nécessaires
pour ne pas perdre la graine qui pourrait s'en détacher ; on la recueillera avec beaucoup de soins, on
la fera sécher comme les linges, et le tout sera placé
dans un lieu frais et sec.

Quelques jours après, les linges seront roulés, en
ayant soin de mettre, du côté de la graine, un autre
linge en toile assez neuve, puis ils seront placés ou
suspendus de nouveau dans un lieu aéré, sec et frais,
jusqu'aux premiers jours du printemps, époque à
laquelle la graine est soumise à un nouveau lavage,
comme nous l'avons prescrit au chapitre IV.

Nous avons aussi déjà indiqué, au même chapitre,

les lieux les plus favorables à la conservation des œufs ; nous n'y reviendrons pas.

Il vaut beaucoup mieux placer la graine dans un lieu exposé au froid et même à la gelée, mais jamais dans un appartement où la chaleur peut être trop élevée. Les œufs, non séparés des linges, peuvent supporter, dans nos climats, jusqu'à cinq ou six degrés de froid. Nous avons élevé de très-beaux vers provenant de graines suspendues à la muraille extérieure d'une maison pendant l'hiver, et les résultats de la récolte n'ont rien laissé à désirer.

CHAPITRE XXI.

MOTIFS POUR LESQUELS IL FAUT AGIR COMME IL A ÉTÉ INDIQUÉ AU CHAPITRE PRÉCÉDENT.

La méthode que nous avons indiquée pour faire la graine doit être suivie de préférence à toutes celles qui s'écartent plus ou moins des principes naturels auxquels nous nous sommes rattaché ; ces principes seuls sont vrais, nous l'avons déjà répété bien souvent ; les éducateurs trouveront, en conséquence, dans leur application de très-grands avantages ; nous croyons inutile d'entrer, à ce sujet, dans de plus longues explications.

Depuis quelques années, les éducateurs ont pensé que, pour régénérer l'espèce, il suffisait de mettre à l'éclosion des œufs étrangers provenant soit de la Turquie, soit de la Chine, etc. Ce moyen n'est certes pas suffisant, et, le plus souvent, très-peu efficace.

En effet, les inconvénients que nous avons signalés et que l'on rencontre malheureusement trop souvent dans le commerce déloyal de la graine, en Europe, se produisent aussi dans les autres contrées ; la fraude, les abus, la mauvaise foi sont absolument les mêmes ; les accidents, les avaries résultant du transport sont souvent plus dangereux.

Sous quelque rapport que l'on envisage la chose, il convient beaucoup mieux que chaque propriétaire fasse sa graine : c'est le seul moyen d'arriver promptement à la régénérescence de l'espèce.

—

II.

Cocons provenant de l'éducation régénératrice.

Lorsque les vers destinés à l'éducation régénératrice ont été choisis dans une chambrée saine, promettant une bonne réussite, les résultats obtenus par cette petite éducation particulière seront encore bien supérieurs, et l'on pourra, à coup sûr, employer les cocons pour la confection de la graine.

Dans le cas cependant où les éducations seraient mauvaises, il serait prudent de ne pas faire de la graine; il faudrait, dans ce cas, se pourvoir chez un voisin plus heureux, dont on connaît l'intelligence séricicole, ou bien faire venir la graine d'un lieu sûr et non suspect.

III.

Les cocons destinés à la graine doivent rester à la bruyère jusqu'à la sortie des papillons.

Il convient d'enlever, le plus tard possible, de la bruyère les cocons destinés à la graine; les vers se trouvent ainsi dans de meilleures conditions; ils ne sont pas dérangés dans l'accomplissement de leur métamorphose; cette précaution peut alors produire les effets les plus salutaires.

IV.

Choix des cocons.

Il faut faire un choix intelligent et n'employer,

pour la confection de la graine , que les cocons les plus beaux , les plus sains et les mieux conformés. Cela se comprend : lorsque l'on veut améliorer, par la reproduction, une race d'animaux quelconque, il est rationnel de choisir ce qu'il y a de mieux dans l'espèce , et de ne pas s'arrêter à des sujets frêles , malingres et peu propres à cette reproduction.

Les cocons doubles ne doivent jamais être employés à cet usage , car ils ne sont pas toujours de la meilleure qualité ; bien souvent, l'un des deux vers est mort dans le cocon, et, dans ce cas , le contact d'un cadavre ne peut pas être favorable à la santé de l'autre.

V.

De l'obscurité.

L'obscurité dans laquelle, dit-on, doivent se trouver les papillons n'a pas de raison d'être , malgré les recommandations faites par la plupart des éducateurs. Non-seulement cette obscurité devient incommode pour vaquer à tous les soins nécessaires aux vers, mais encore c'est là un fait absolument irrationnel.

On prétend, sans aucun motif, que les papillons exposés au grand jour s'épuisent par le battement continuel de leurs ailes ; cette opinion ne nous paraît pas fondée, car il est dans la nature du papillon d'agir ainsi ; il est même naturel que cet animal subisse et la clarté du jour et l'obscurité de la nuit, car il se trouve alors dans les conditions ordinaires communes à tous les êtres.

Les enseignements de la nature sont les plus vrais, les meilleurs que l'on puisse suivre ; et nous ne pensons pas que les vers soient originaires d'un pays où l'obscurité de la nuit règne pendant tout le temps de l'existence des papillons. C'est encore un préjugé semblable à ceux que nous avons déjà combattus dans le cours de cet ouvrage.

VI.

Sortie des papillons ; séparation ; accouplement.

Les indications que nous avons données, relatives à la naissance des papillons, à leur séparation, à l'intervalle que nous laissons entre cette naissance et l'accouplement, sont toujours basées sur les principes naturels et sur nos expériences.

Le papillon, à l'état naturel, ne s'accouple pas immédiatement après la sortie du cocon. Tout d'abord il a besoin de se fortifier et d'arriver à un état de vitalité, de vigueur qui lui permet de voltiger pour chercher et atteindre la femelle.

La plupart des éducateurs ont la fâcheuse habitude d'interrompre, après quelques heures, l'acte de la fécondation par une séparation forcée et brusque : c'est là un système peu rationnel et même dangereux. Est-il possible de reconnaître le temps convenable et nécessaire à la fécondation ? Peut-on prévoir, en conséquence, les suites fâcheuses de l'interruption subite de l'accouplement ?

Les papillons obtenus par notre système voltigent d'une façon remarquable, ce qui indique, sans aucun doute, une grande force et une grande vigueur.

VII.

Divers lavages de la graine.

Nous avons fait connaître, dans le chapitre IV, les motifs pour lesquels nous prescrivons les lavages de la graine ; il est donc inutile de revenir sur ce sujet.

VIII.

Soins nécessaires à la conservation de la graine.

Nous avons dit qu'il fallait rouler les linges contenant la graine, et placer auparavant sur cette graine
un linge assez neuf, de façon à ce qu'elle se trouve
entre deux morceaux de toile ; ces précautions sont
destinées à préserver la graine de la poussière, de
l'atteinte des rats, des teignes, des araignées, etc.

CHAPITRE XXII.

I.

Causes des maladies.

Pendant les divers âges de l'éducation, les vers à soie sont atteints de nombreuses maladies sous le coup desquelles ils périssent souvent.

Suivant les symptômes ou les caractères différents qui distinguent ces maladies, on leur a donné le nom de *luzettes*, *gras*, *jaunes* ou *vaches*, *morts-blancs* ou *morts-flats*, muscardine, gatine, etc.

Ces maladies sont fort nombreuses, mais les causes qui les produisent le sont encore davantage.

Sans aucun doute, une maladie peut être le résultat de plusieurs causes, mais aussi la même cause peut produire plusieurs espèces de maladies; les effets d'une première cause deviennent quelquefois cause à leur tour, et de là, grande et nombreuse variété de maladies.

Le ver, par sa nature et son organisation particulière, a toujours été susceptible de subir plus ou moins l'influence des maladies qui se produisent aujourd'hui et qui occasionnent une grande mortalité; mais, autrefois, ces cas de maladie étaient plus rares, plus isolés; car l'espèce était moins affaiblie, moins dégénérée.

Depuis quelques années surtout, la dégénérescence a fait de tels progrès, que les maladies sont devenues la règle générale, et présentent un caractère terrible et désastreux. Nous avons déjà fait connaître les principales causes auxquelles on doit infailliblement attribuer cet état de choses, cette fâcheuse dégénérescence.

Les maladies proviennent presque toujours de l'état de faiblesse et de débilité dans lequel se trouvent les vers à soie; ils ne peuvent plus alors traverser les phases critiques de leur existence ; cependant, on est loin de leur attribuer cette cause véritable ; on ne remonte pas à la vraie source, et l'on commet ainsi de graves erreurs qui font mettre en pratique des moyens indirects dont les résultats sont le plus souvent entièrement nuls.

Pour combattre les maladies dont les vers à soie sont affectés annuellement, il ne faut pas chercher à faire de la médication et suivre ainsi des traitements curatifs, car ces moyens sont plus ou moins inapplicables et presque toujours insignifiants. Nous avons la conviction, la certitude que, pour combattre avec fruit toutes les maladies, il faut s'arrêter, avant tout, à un système préservatif, et adopter en pratique une méthode d'éducation séricicole rationnelle et naturelle.

Si l'on n'agit point ainsi, on tombera de complication en complication, d'erreur en erreur, et l'on arrivera incontestablement à la ruine complète de la sériciculture.

Nous ne nous occuperons pas ici de toutes les maladies auxquelles sont sujets les vers à soie, car cette étude nous entraînerait beaucoup trop loin ; cependant, nous ne voulons par terminer ce travail sans jeter un coup d'œil sur les principales, telles que la muscardine et la gatine.

II.

Muscardine.

Dans les temps primitifs, longtemps même après l'importation des vers à soie en Europe, la muscardine n'était point encore connue. Plus tard, les éducations sont devenues plus considérables ; elles ont été conduites moins naturellement ; on n'a pris aucun moyen pour se préserver des inconvénients graves produits par l'agglomération ; il en est alors résulté un commencement d'affaiblissement, de dégénérescence, et l'on a vu apparaître la muscardine. Peu à peu les cas sont devenus plus nombreux, et se sont accrus au fur et à mesure que les causes de dégénérescence ont pris plus de développement. Cette terrible maladie a produit alors de funestes résultats. De nouvelles causes sont encore venues favoriser l'accroissement de la muscardine, qui est ainsi arrivée à des proportions effrayantes.

La muscardine est-elle contagieuse, ainsi qu'on le suppose généralement ?

Une personne sortant d'une chambrée affectée de la muscardine peut-elle porter avec elle dans une autre chambrée le germe de cette maladie ? Nous ne le pensons pas, et nous disons même que des vers entièrement muscardinés et réduits à l'état de cadavre peuvent être jetés impunément dans une magnanerie et mis en contact avec des vers, sans qu'il en résulte aucun inconvénient.

Dans nos expériences de chaque jour, dans nos visites nombreuses à plusieurs magnaneries, nous étions presque toujours porteurs de vers muscardinés, nous en touchions à tout instant, nous en tenions dans nos poches, et cependant, loin de porter au milieu des éducations le germe de l'épidémie, nous sommes au contraire presque toujours parvenu à la détruire.

Nous avons même enfermé dans des boîtes des vers muscardinés, mêlés à des vers sains, et nous n'avons eu à constater aucun désastre ; les vers sains ont continué à bien se porter et sont arrivés dans de bonnes conditions au terme de leur existence.

Voilà des faits certains sur lesquels nous pouvons nous baser pour établir que la muscardine peut être épidémique, mais qu'elle n'est pas contagieuse.

Dans une magnanerie où la muscardine sévit d'une manière générale, la masse des vers, à l'état de cadavre, engendre nécessairement la corruption, facilite et augmente ainsi la mortalité. Il est évident alors que, dans un cas semblable, toutes les maladies produisent en général le même effet, mais ce n'est point là le caractère essentiel de la contagion.

La cause première de la muscardine provient évidemment de l'affaiblissement de l'espèce, de la manière vicieuse et anti-rationnelle dont les éducations sont dirigées. Sans aucun doute, les vers sont vivement prédisposés à cette maladie par l'humidité provenant de la litière, par l'air délétère, non suffisamment renouvelé, et surtout par le défaut de précautions lorsqu'on rencontre un local trop frais ou trop humide. La situation d'une magnanerie et sa disposition peuvent contribuer pour une large part au développement de cette maladie.

Souvent la muscardine fait chaque année de nouveaux progrès dans un local où elle a commencé à exercer ses ravages ; il est assez naturel que ce résultat se produise, puisque la cause qui a amené cette maladie se rencontre de nouveau dans le même local.

Nous sommes, d'ailleurs, obligés de reconnaître que tous les moyens employés ordinairement pour combattre la muscardine sont plus propres à augmenter le mal qu'à l'atténuer.

En effet, au lieu de réduire le nombre des repas,

comme il conviendrait, pour augmenter l'appétit et la vigueur des vers, on les multiplie. Au lieu de diminuer la litière et, par suite, les graves inconvénients résultant de l'humidité et de la fermentation, on ne prend à ce sujet aucune précaution.

Les éducateurs pensent généralement qu'en se livrant à une éducation hâtive, ils se préserveront plus facilement de la muscardine ; ils chauffent alors dans ce but la magnanerie, qu'ils tiennent hermétiquement fermée, dans la crainte de la contagion ; le mal s'aggrave ainsi et donne naissance à la muscardine dans une chambrée qui n'était nullement prédisposée à cette maladie.

Dans une magnanerie où l'on peut redouter la muscardine, contrairement à l'avis des auteurs, il vaut beaucoup mieux diminuer le nombre des repas, au lieu de l'augmenter ; dans aucune circonstance, il ne faut dépasser le nombre de trois.

Nos prescriptions à cet égard ne sont pas le résultat d'un caprice, d'une idée sans fondement, mais elles ont leur raison d'être dans nos expériences nombreuses et dans des faits patents, irrécusables.

Tous les remèdes mis en avant pour guérir ou préserver de la muscardine sont de simples palliatifs qui ne peuvent, en aucune façon, couper le mal dans sa racine, car tous les traitements curatifs donnent sans cesse de mauvais résultats.

Il peut se faire que l'on soit parvenu, à l'aide d'un remède quelconque, à faire disparaître la muscardine, mais alors une espèce de transformation s'est opérée dans la chambrée; la muscardine a probablement disparu en changeant de nature, pour faire place à d'autres maladies d'un caractère différent, peut-être plus terribles et plus désastreuses.

Certains remèdes ont bien pu, dans diverses circonstances, faire croire qu'ils avaient contribué à anéantir la muscardine, sans produire un phénomène quelconque de transformation; mais, dans ce cas, est-on bien certain que le remède soit réellement la cause de la guérison. Ne serait-ce pas plutôt les prescriptions et les recommandations accessoires qui accompagnent l'application de ce remède? Ces moyens accessoires se résument ordinairement dans la manière de tenir proprement les vers, de les changer souvent, de renouveler convenablement l'air en ouvrant les portes et les fenêtres. Voilà bien réellement de vrais remèdes propres à détruire le mal et surtout à le prévenir.

La muscardine ne peut pas être, comme le prétendent quelques auteurs, le résultat d'un cryptogame ou petit champignon. Dans cette circonstance, on veut, nous ne savons pourquoi, prendre l'effet pour la cause. Une végétation cryptogamique peut bien se produire sur le corps du ver à soie muscardiné à la suite d'une éducation trop artificielle, anti-rationnelle, occasionnant par conséquent l'affaiblissement et la dégénérescence du ver; car alors une espèce de fermentation, une corruption intérieure se produit déjà et amène la végétation cryptogamique.

Parmi les animaux ou les végétaux, les sujets affaiblis ou maladifs sont seuls susceptibles d'être envahis par le parasitisme du cryptogame. Prenons encore une matière inerte, les champignons, où la végétation cryptogamique commence à paraître lorsque la corruption, la putréfaction et la fermentation se produisent.

Nous pouvons donc conclure, avec certitude, que le cryptogame n'est autre chose que l'effet produit par la muscardine, mais, à coup sûr, il n'en est pas la cause.

III.

Gatine.

La gatine, comme nous l'avons dit au commencement de cet ouvrage, est une maladie touchant de près au dernier degré de la dégénérescence de l'espèce. Ce n'est point en se livrant à des analyses chimiques, à des expériences anatomiques que l'on parviendra à faire disparaître cette terrible maladie; l'application seule des principes simples et naturels peut diminuer le mal et le détruire. Il faut donc mettre notre méthode en pratique, et, certainement, d'ici à quelques années, il ne sera plus question de la muscardine, de la gatine, de toutes ces maladies, enfin, qui portent un si grave dommage à l'industrie séricicole, et qui la compromettent depuis quelques années d'une manière aussi affligeante.

CHAPITRE XXIII.

DES MURIERS.

Il n'entre point dans notre plan de traiter la question relative à la culture du mûrier ; cependant, nous devons, avant la fin de ce travail, faire quelques réflexions, comme nous l'avons promis, à l'égard du mûrier sauvage dont la feuille présente de si grands avantages, et indiquer les moyens de l'obtenir en abondance.

Depuis longtemps on reconnaît généralement que la feuille des mûriers sauvages produit les plus salutaires effets dans les éducations. Il importe donc infiniment que l'on cherche à obtenir cette précieuse feuille en grande quantité. La chose est simple et facile, et nous ne comprenons pas que les idées suivantes n'aient pas encore reçu, depuis longtemps, une plus large application.

Pour arriver à obtenir avec abondance la feuille sauvage, il suffit de planter ce mûrier dans les terrains incultes, comme cela se pratique dans certaines localités, et de former des haies dans tous les lieux où elles ne peuvent porter aucun préjudice. Pourquoi ne pas substituer des haies de mûriers sauvages à toutes les haies d'aubépines, de ronces ou autres arbustes qui occupent ordinairement un emplacement considérable et nuisent souvent aux récoltes ? Tous les bords des fossés, les limites des propriétés longeant les routes devraient être garnis de mûriers sauvages ; tous les terrains arides et incultes, enfin, devraient être couverts de sauvageons. Le mûrier croît partout ; sans aucun doute, la production sera moins abondante dans un terrain aride, pierreux, que dans un sol riche, mais la feuille sera bien meilleure et contiendra des sucs plus substantiels, essentiellement favorables à l'alimentation des vers. De cette façon, les éducations pourraient se faire dans de très-bonnes conditions ; les gros mûriers ne seraient pas ainsi trop rapidement dépouillés, la feuille serait plus en maturité, et, par conséquent, plus favorable à la santé des vers.

D'un autre côté, les bénéfices résultant de toutes ces plantations seraient considérables, et la sériciculture en ressentirait bientôt les influences salutaires.

CONCLUSION.

Nous avons terminé notre travail, nous avons fait connaître les résultats de nos expériences et de notre constante pratique. Nous serions heureux dans le cas où nos études pourraient exercer une heureuse influence sur l'avenir de la sériciculture, cruellement menacée.

Nous serions récompensé de nos peines et de nos fatigues si nos indications pouvaient faire entrer les propriétaires dans une meilleure voie d'éducation et les conduire à une réussite qui, chaque année, devient plus problématique.

Les innovations sont difficiles à introduire dans les masses, nous le savons, surtout lorsqu'il faut lutter contre la routine et les vieilles habitudes.

Le progrès ne se produit pas dans un seul jour ; mais il est important d'indiquer la route qu'il faut suivre pour y parvenir le plus promptement possible. Quelques-uns entrent alors résolument dans le chemin qu'ils aperçoivent devant eux ; le succès de ceux-ci est le point de mire des autres, et les bonnes méthodes pénètrent ainsi au milieu des populations. C'est là notre désir le plus ardent.

NOTES.

Nous publions un article inséré dans le *Courrier de l'Isère*, le 10 août 1854, afin de prendre date, et de prouver à nos lecteurs que nous nous occupons depuis longtemps à chercher un système d'éducation de vers à soie qui se rapproche le plus possible de la nature.

À Monsieur le Rédacteur du Courrier de l'Isère.

Touvet, le 6 août 1854.

Monsieur le Rédacteur,

Il y a deux ans ou plus, vous insériez en mon nom, dans les colonnes de votre journal, un avis aux éducateurs de vers à soie. Cet avis contenait, entre autres, quelques mots sur les avantages de mon système d'éducation, système, y était-il dit, des plus naturels, des plus simples, des plus économiques, des plus prompts et des plus sûrs, etc. Ce langage, qui pouvait paraître bien présomptueux, ne l'était certainement qu'en apparence ; en effet, depuis lors comme précédemment, et durant cinq années, j'ai fourni la preuve de ce que j'avançais, en obtenant, dans les conditions par moi articulées, une réussite constante.

16

Une foule d'exemples hors ligne, des réussites obtenues à l'aide de mes notions, là où depuis nombre d'années elles étaient impossibles, sont venues encore prouver en faveur de mon système. En un mot, son application bien entendue, sauf les cas de force majeure, a toujours, et sans exception aucune, produit les meilleurs résultats. De plus, chose je crois excessivement importante, la muscardine, cette maladie terrible, véritable fléau pour la sériciculture, que tant d'hommes savants et illustres ont cherché à combattre, la muscardine, dis-je, à l'aide de mon système, pourra, je l'espère, être anéantie, ou, du moins, être rendue si peu redoutable, que la moindre des maladies affligeant l'espèce le sera davantage. Cette terrible maladie, selon moi, n'est que le résultat de procédés vicieux et anti-naturels. J'ai beaucoup prouvé déjà à cet égard, et l'avenir me permettra de prouver encore.

Je ne serai point cru peut-être en avançant ici que plus de la moitié des éducateurs, seulement par le fait d'une éclosion généralement vicieuse, ne peuvent obtenir que des vers non viables ou valétudinaires. C'est ce qu'il me sera permis de démontrer en temps et lieux, comme je démontrerai aussi que, hors mon système, *il n'y a pas de réussite assurée :* je veux dire qu'une éducation se trouvant même dans les meilleures conditions sous tous les rapports, c'est-à-dire que la graine étant de premier choix, l'éclosion des mieux obtenues, la feuille de première qualité, le local très-convenable, etc., cette éducation, dis-je, sans parler des cas de force majeure, courra encore le risque de ne point réussir ou de n'amener qu'un résultat nul ou pire, et cela parce que, jusqu'ici, la pratique vicieuse donne prise à une foule d'accidents qui peuvent se produire d'une manière plus ou moins désastreuse. Avec mon système, il ne peut en être ainsi, et, dans de telles conditions, on obtiendra constamment une bonne réussite ; car, part faite de la mortalité ordinaire, le résultat sera encore des meilleurs.

Ce n'est point, certes, par caprice que j'ai réformé et innové ; j'y suis arrivé par un raisonnement bien simple ; en présence d'une masse d'opinions divisées, d'une foule de systèmes, je me suis dit ceci : Le ver à soie n'est pas l'œuvre de l'homme, mais bien l'œuvre de la nature ; donc, en se rapprochant du naturel, on se rapprochera du vrai ; et j'ai travaillé en ce sens, et j'ai atteint mon but. Peu m'importait qu'on m'opposât l'ancienne pratique, des expériences de longue date, etc. ; j'ai pensé que si l'on a erré durant des siècles, ce n'est point une raison pour continuer. Il est de fait qu'après ma première année d'expériences, j'avais tellement confiance en la bonté de mon procédé, que j'annonçais pour l'avenir une continuelle réussite. J'ai eu le bonheur de voir mes prévisions se réaliser —Enfin, chose certaine, c'est que, dans diverses phases très-importantes des éducations, nul n'a procédé comme moi; et pourtant la manière est si simple, qu'après essai on ne se figure pas comment on n'y est pas arrivé plus tôt.

Avec mon procédé, les éducations ne présentent plus un travail fatiguant et sans trêve; il est beaucoup simplifié et rendu meilleur, il devient pour ainsi dire une récréation. Et, en outre, l'économie de feuille et de main-d'œuvre est tellement grande, que dans certains cas où l'on fait, par exemple, dix onces de vers, je pourrais, moi, avec la même quantité de feuille et le même personnel, en faire jusqu'à 18 à 20 onces !

En définitive, mon système étant avantageux sous tous les rapports, je pense avoir résolu la plus importante question en fait de sériciculture. Et, cependant, je le sais et je le dis d'avance, l'énumération de tels avantages en faveur de ce système trouvera beaucoup d'incrédules, beaucoup de contradicteurs ; mais, comme par le passé, je ne tenterai point de convaincre à l'aide d'arguments, je renverrai aux résultats ; je me bornerai seulement à dire : Ne vous prononcez pas sans connaissance de cause, essayez, expérimentez et jugez ensuite.

Depuis plusieurs années, mon intention était de faire connaître mon système par la production d'un ouvrage; mais j'ai cru devoir attendre de pouvoir m'étayer sur une longue expérience, sans laquelle, malgré tous ces avantages, mon système n'eût point été goûté. Aujourd'hui, il m'importe au plus haut point de ne plus tarder, attendu que les principales notions de mon système ont été par moi beaucoup répandues, et que, par suite, je pourrais courir le risque d'être devancé et de voir un autre profiter du fruit de mes œuvres.

C'est pourquoi, afin d'avoir quelques titres pouvant prévenir toute surprise, toute usurpation, je viens vous prier, Monsieur, d'insérer dans votre prochain numéro, en même temps que la présente, la lettre par moi adressée, en date du 1er juillet dernier, à M. le maire de ma commune, ainsi que la réponse de ce magistrat, que j'ai l'honneur de vous envoyer sous ce pli.

Voici les points principaux qui caractérisent mon système :

1° L'éclosion à air libre, autant que peut le permettre la température, en observant toutefois pour la chaleur une progression croissante déterminée ;

2° Toute l'éducation également le plus possible à air libre ;

3° Le nombre des repas qui, durant une première période, étant de 4 par jour sont ensuite réduits à trois ;

4° Le service de ces repas qui n'est jamais fait de nuit ;

5° Les différentes mues, vulgairement appelées sommeils, *qu'on obtient d'une manière simultanée et presque instantanée pour tous les vers du même âge, sans que ces vers soient recouverts de litière ou de feuille ;*

6° Le réveil en rapport au sommeil et la durée déterminée du jeûne ;

7° La différence du degré de chaleur devant exister entre le jour et la nuit durant toute l'éducation, etc., etc.

Le tout expliqué et démontré comme rationnel et reposant sur les vrais principes.

Recevez, Monsieur, l'assurance de ma considération distinguée.

Alphonse TAURIGNA.

A Monsieur Buissard, maire de la commune du Touvet.

Touvet, le 1er juillet 1854.

Monsieur le Maire,

La campagne séricicole étant terminée dans notre vallée, où de nombreuses expériences ont été continuées d'après mon système ou mode d'éducation, il m'importe de me mettre en mesure de conserver le bénéfice de mon innovation, innovation qui, vous le reconnaissez sans doute, Monsieur, est de la plus haute importance et est appelée à rendre à la société, à la France, de grands services, à procurer des avantages extraordinaires. Ces avantages sont tellement importants, que l'*expérience comparée seule* peut en donner la mesure.

Les nombreuses attestations qu'il m'est permis de recueillir sont une preuve éclatante de tout ce que j'ai avancé à cet égard, et l'avenir fera plus encore.

Vous savez, Monsieur, combien il est difficile de combattre les préjugés et la routine de nos campagnes : en présence d'une opinion erronée qui s'est perpétuée, le vrai n'est compté pour rien, l'évidence est niée ; il y a parti pris : toute innovation lui portant ombrage est rejetée comme entachée de bêtise ou de folie, et, le plus souvent, pour prix du bien que l'on voudrait faire, on est honni et ridiculisé. C'est là chose triste à penser, mais qui malheureusement n'est qu'une affligeante vérité. Je me suis trouvé dans cette hypothèse, Monsieur, et tel qui aujourd'hui profite de mes notions, a peut-être été pour moi, dans le principe, un innocent mais rude adversaire dépréciateur de mon procédé.

Heureusement qu'aux ténèbres succède la lumière !

Heureusement aussi que, part faite des esprits étroits, des entêtés, des esprits jaloux et prétentieux que l'on rencontre, hélas ! trop souvent, il existe des esprits éclairés, loyaux, sans préventions, des sujets bons et reconnaissants qui vous accueillent, vous encouragent et vous donnent satisfaction. S'il n'en était point ainsi, il arriverait souvent que, malgré la certitude, malgré la conscience que l'on a du bien que l'on peut faire à son pays, on s'arrêterait rebuté, découragé. Il est une vérité bonne à répéter ici, c'est celle-ci : Nul n'est prophète dans son pays.

Bref, après cinq années d'un travail sérieux et d'expériences sans nombre ; après cinq années d'une réussite constante et des plus concluantes pour mon système ; après avoir tout fait pour répandre et populariser ce système et en démontrer les avantages extraordinaires ; après maints exemples, maintes preuves de sa valeur, mon intention étant (ce dont j'ai hâte) de prendre rang afin de jouir du fruit de mes œuvres et de les faire santionner par tous moyens légaux pouvant leur donner du poids (ce qui me permettra alors d'être d'une plus grande utilité à la société), je viens, Monsieur le Maire, vous prier d'être assez bon pour m'exprimer votre opinion à l'égard de mon système ou mode d'éducation de vers à soie ; étant persuadé que les expériences auxquelles vous vous êtes livré, bien que non complètes peut-être, vous permettront de vous prononcer, avec connaissance de cause, sur sa bonté, sur sa valeur.

A cet effet, vous posant quelques questions, je me permettrai de vous demander :

Ne pensez-vous pas, Monsieur, que mon système repose sur des principes les plus naturels ?

Partant, ne le croyez-vous pas le plus rationnel, le plus vrai et le plus simple ?

Ne pensez-vous pas qu'il doive conduire aux meilleurs résultats ?

Quant à l'économie de feuille et de main-d'œuvre, ne devient-elle pas extraordinaire ?

Quant au travail en général, n'est-il pas beaucoup simplifié et rendu moitié moins accablant ?

Quant au produit, n'est-il pas des plus grands et de première qualité ?

Et, enfin, quant à la réussite, la chance n'en est-elle pas doublée et triplée, etc. ?

Telles sont, Monsieur le Maire, les questions sur lesquelles je vous prie de vous prononcer, comptant pour ma part essentiellement sur votre témoignage, qui sera du moins, j'en ai la certitude, un jugement exempt de toute prévention, de toute partialité.

Le moment est bientôt venu où , devant qui il appartiendra, j'exposerai dans tous ses détails la théorie ou plutôt la pratique de mon système, ce qui fera ensuite l'objet d'un ouvrage que j'espère produire avant la fin de l'année courante. Jusque là, je me réserve, le cas échéant, par toutes preuves et tous moyens, le droit de revendiquer le fait de mes œuvres.

Daignez agréer, Monsieur le maire , etc.

Signé A. TAURIGNA.

Le Touvet (Isère), le 5 juillet 1851.

A Monsieur Alphonse Taurigna, au Touvet.

Répondant à votre lettre datée du 1ᵉʳ juillet courant, où vous entrez dans des considérations ayant trait à vos travaux en sériciculture, à votre innovation, à votre système ou mode d'éducation de vers à soie, et par laquelle vous me demandez de vous faire connaître mon opinion à cet égard, je me hâte de vous dire que je partage entièrement votre avis; que je reconnais l'immense avantage de votre procédé qui déjà pour le pays a été un véritable bienfait et qui, j'en ai la conviction, pourra en produire de bien plus grands encore, son application se généralisant.

Je vous loue de la persévérance que vous avez mise à poursuivre et à répandre vos idées de progrès, malgré les tracasseries de l'esprit routinier et le peu de sympathie que dès le principe vous avez pu rencontrer.

Tôt ou tard la vérité comme la lumière finissent par percer, et aujourd'hui vous n'avez qu'à vous féliciter de votre persévérance.

Pour ma part, bien que, comme vous le dites, mes expériences ne soient pas complètes, j'ai compris l'importance de l'application de vos principes qui, ayant pour base l'imitation de la nature, sont des plus simples et des plus faciles à concevoir.

En conséquence, aux sept questions ou plus que vous me posez relativement aux avantages de votre système, je n'hésite pas de répondre à toutes d'une manière très-affirmative.

Je fais des vœux, Monsieur, pour que vos idées triomphent et se répandent, j'en fais d'autres pour que vous receviez au plus tôt la juste récompense qui vous est due.

Agréez, Monsieur, l'assurance de ma considération distinguée.

BUISSARD, *éducateur et filateur.*

ATTESTATIONS DE PROPRIÉTAIRES-ÉDUCATEURS.

Je soussigné, Jean-Pierre Périer, propriétaire-agriculteur, à la Buissière, certifie que M. Alphonse Taurigna, du Touvet, par ses conseils de tous les jours, a donné une direction à ma magnanerie, d'après son système ou mode d'éducation. La muscardine, depuis plusieurs années, exerçait chez moi d'affreux ravages et me faisait éprouver des pertes considérables. Le découragement m'avait gagné au point que je voulais renoncer aux éducations pour toujours ; je négligeais mes mûriers, j'en avais même arraché quelques-uns, lorsque, ayant entendu parler de M. Taurigna et de son système, en désespoir de cause, j'eus recours à lui. D'après ses conseils et comme ayant beaucoup à redouter la muscardine, le nombre des repas servis aux vers ne fut continuellement que de trois par jour, durant l'éducation. La réussite a été complète et l'une des meilleures du pays. Malgré nos attentives recherches, nous n'avons pu constater un seul cas de ver muscardiné.

Un de mes faiseurs de vers, chez qui la muscardine ne sévissait pas ordinairement, *tout en ayant de la même graine éclose chez moi*, a eu son éducation gravement compromise par cette terrible maladie, pour n'avoir pas voulu suivre les prescriptions de M. Taurigna. Sa dépense en feuille a été, relativement, de 40 à 50 pour cent environ plus grande que la mienne.

Je ne puis que faire des éloges sur la bonté, sur la simplicité et l'économie du système de M. Taurigna.

En foi de quoi j'ai délivré le présent certificat.

La Buissière, le 28 juin 1854.　　　　　　PÉRIER.

Je soussigné, Hector Desmarais, propriétaire à la Buissière, certifie que M. Alphonse Taurigna, du Touvet, a donné à ma magnanerie une direction selon son système d'éducation. Les résultats que j'en ai obtenus ont été des plus satisfaisants. Précédemment, la *muscardine* détruisait en grande partie ma récolte ; cette maladie, qui m'inspirait tant de crainte pour l'avenir, a été arrêtée entièrement par la simple application du système de M. Taurigna.

Il est évident pour moi que ce système simple et naturel, plus que tout autre, est avantageux.

En foi de quoi j'ai remis le présent certificat.

La Buissière, le 2 juillet 1855.　　　　　　DESMARAIS.

Je soussigné, François Grand, propriétaire à la Buissière, certifie qu'ayant suivi la méthode de M. Alphonse Taurigna, relative aux éducations de vers à soie, j'en ai retiré des avantages marqués. Tout en dépensant beaucoup moins de feuille, avec un travail simplifié et moins accablant, j'ai obtenu de meilleurs résultats que précédemment. Je reconnais que le système de M. Taurigna offre des avantages sous tous les rapports, et ne puis assez le féliciter des notions qu'il m'a données.

En foi de quoi je lui ai délivré le présent.

La Buissière, le 28 juin 1854.   A. F. GRAND.

Vu pour légalisation des signatures des sieurs PÉRIER, DESMARAIS, GRAND, ci-dessus apposées.

Le Maire de la commune de la Buissière, CAMAND.

Je soussigné, Camille Rogat, propriétaire - agriculteur à Saint-Vincent-de-Mercuze, certifie que M. Alphonse Taurigna, du Touvet, par ses visites et conseils de chaque jour, a dirigé chez moi une éducation de vers à soie d'après son système.

Depuis plusieurs années, ma magnanerie était infectée de la muscardine, qui ne manquait jamais d'occasionner la perte presque totale de ma récolte. Désespérant d'arriver à de meilleurs résultats, j'étais décidé à renoncer aux éducations. Contre mon attente, M. Taurigna m'a fait obtenir une belle récolte avec la seule application de son système, que je me plais à reconnaître tout-à-fait simple et économique.

En foi de quoi j'ai donné le présent certificat.

Saint-Vincent-de-Mercuze, le 1er juillet 1855.   ROGAT.

Je soussigné, Pierre Meynier, propriétaire - agriculteur à Saint-Vincent-de-Mercuze, certifie que M. Alphonse Taurigna, du Touvet, a suivi chez moi une éducation de vers à soie d'après son système. Il n'a commencé à diriger cette éducation qu'à partir de la première mue.

Chaque année, depuis longtemps, la muscardine détruisait tout ou partie de ma récolte. Cette année encore, soit par le fait d'une éclosion obtenue dans des conditions imparfaites, soit par suite de la prédisposition de mes appartements ou, enfin, pour autres causes, des cas de muscardine assez nombreux se sont manifestés à la deuxième mue et me donnaient de sérieuses craintes. Mais, ainsi que m'en donna l'assurance, M. Taurigna, le mal n'augmenta pas. La récolte fut bonne et de première qualité.

Je reconnais le système de M. Taurigna comme étant d'une simplicité et d'une commodité incomparables, en même temps que très-économique.

En foi de quoi j'ai remis le présent certificat

Saint-Vincent-de-Mercuze, le 30 juin 1855.   MEYNIER.

Vu pour légalisation des signatures de MM. ROGAT, MEYNIER, ci-dessus apposées.

Saint-Vincent-de-Mercuze, le 8 mai 1857.

Le Maire, CHABERT.

Je soussigné, Jean-François Mollier, propriétaire à Barraux, certifie que M. Alphonse Taurigna a fait l'application de son système dans ma magnanerie, pour l'éducation de la présente année, qui a marché dans des conditions vraiment remarquables. Tout en dépensant une moindre quantité de feuille, en gagnant sur la main-d'œuvre et avec un travail moins fatiguant, j'ai obtenu les plus beaux résultats.

Ma réussite a été des mieux du pays, sous le rapport de la quantité et de la qualité de la récolte.

J'ajoute que la muscardine qui, précédemment, m'occasionnait des dommages et me faisait éprouver des craintes sérieuses, a été entièrement anéantie.

Je déclare, avec conviction, que je reconnais le système de M. Taurigna préférable à tout ce qui a été fait jusqu'à ce jour à propos d'éducations ; il est on ne peut plus simple, facile et économique.

En foi de quoi je lui ai donné le présent certificat.

Barraux, le 1er juillet 1855.   MOLLIER.

Je soussignée, veuve Finot, propriétaire à Barraux, certifie que M. Alphonse Taurigna m'a fait diriger ma magnanerie selon son système d'éducation. J'en ai obtenu les plus grands avantages ; la réussite a dépassé toutes mes espérances. Il est parfaitement reconnu que j'ai eu une des meilleures récoltes du pays. Le système de M. Taurigna est pour moi tout ce qu'il y a de mieux ; je le reconnais pour le plus avantageux ; son application est simple et facile, le travail peu fatiguant comparativement, et en même temps fort économique.

En foi de quoi je lui ai remis le présent.

Barraux, le 1er juillet 1855.   V. FINOT.

Je soussigné, Théodore Chauvet, propriétaire à Barraux, certifie que M. Alphonse Taurigna, du Touvet, a dirigé ma magnanerie selon son système d'éducation. J'avais à redouter la muscardine qui, les années précédentes, avait commencé ses ravages dans mes chambrées. Cette maladie a complétement disparu, et je n'ai qu'à me louer du système de M. Taurigna, qui m'a fait obtenir de bons résultats et me fait beaucoup espérer pour l'avenir. Je puis dire, avec une profonde conviction, que je reconnais ce système très-avantageux sous tous les rapports ; il est d'une simplicité, d'une commodité et d'une économie remarquables.

En foi de quoi je lui ai remis le présent certificat.

Barraux, le 1ᵉʳ juillet 1855. CHAUVET.

Vu par nous, maire de Barraux, pour légalisation des signatures apposées ci-dessus par les sieurs Mollier, V. Finot et Chauvet.

En mairie, à Barraux, le 9 mai 1857.

Le maire, VACHE.

Je soussigné, Antoine Charles, propriétaire au Touvet, certifie que M. Alphonse Taurigna m'a fait suivre son système d'éducation de vers à soie, duquel j'ai obtenu les meilleurs résultats.

Je trouve que ce système offre beaucoup plus de chances de réussite que tous les procédés anciens. Il permet une grande économie de feuille ; pour moi, elle est d'environ 50 pour cent ; le travail est simplifié, moins fatiguant. En un mot, tout, dans ce système, est remarquablement avantageux et profitable.

En foi de quoi j'ai remis le présent certificat.

Le Touvet, le 30 juin 1854. CHARLES.

Je soussigné, Guillaudin, propriétaire au Touvet, certifie que M. Alphonse Taurigna, du même lieu, m'a fait diriger ma magnanerie selon son système d'éducation ; les résultats que j'en ai obtenus ont été très-beaux et d'autant plus satisfaisants que, depuis plusieurs années, je ne réussissais plus dans mes éducations. Je rendrai hommage à la vérité en déclarant que ce système renferme des avantages tellement grands et nombreux, qu'ils sont au-dessus de toute expression.

En foi de quoi j'ai remis le présent certificat.

Le Touvet, le 30 juin 1856. GUILLAUDIN.

Je soussigné, Joseph Chaloin, propriétaire au Touvet, certifie que M. Alphonse Taurigna, sériciculteur au même lieu , m'a initié à son système d'éducation de vers à soie. Depuis six ans que je l'ai mis en pratique, ainsi que tous les propriétaires qui l'ont suivi, j'en ai obtenu des résultats tels, qu'ils me mettent à même de reconnaître sa supériorité sur tous les systèmes connus. Son application est simple, facile, le travail rendu peu fatiguant, et il en résulte en même temps une grande économie de feuille et de main-d'œuvre.

Je ne puis assez faire l'éloge de ce système , dont les nombreux avantages sont notoires et reconnus par tous les propriétaires intelligents du pays.

En foi de quoi j'ai donné le présent certificat.

Le Touvet, le 30 juin 1856.   CHALOIN.

Vu pour la légalisation des signatures des sieurs Charles, Guillaudin et Chaloin, apposées ci-dessus.

Au Touvet, le 2 juillet 1856.   *Le maire*, BUISSARD.

Nous, maire de la commune du Touvet, certifions qu'il est à notre connaissance que depuis huit années que les membres de la famille de M. Alphonse Taurigna suivent le système d'éducation innové par ce dernier, ils n'ont jamais manqué une seule fois d'obtenir de belles et bonnes réussites , supérieures , sans contredit, à toutes celles du pays. Tous les propriétaires qui ont fait l'application de son système en ont également obtenu généralement des avantages marqués.

En foi de quoi nous lui avons délivré le présent.

Le Touvet, le 30 juin 1856.   BUISSARD, *maire*.

TABLE DES MATIÈRES